规模鸡场实验室
管理与操作手册

组织编写　南京市动物疫病预防控制中心

主　　编　刘婷婷

东南大学出版社
SOUTHEAST UNIVERSITY PRESS
·南京·

图书在版编目(CIP)数据

规模鸡场实验室管理与操作手册 / 刘婷婷主编.
南京 ：东南大学出版社，2024.8. — ISBN 978-7-5766-
1502-9

Ⅰ. S831.4-62

中国国家版本馆 CIP 数据核字第 2024NX6329 号

责任编辑：周　菊　郭　吉　责任校对：子雪莲　封面设计：顾晓阳　责任印制：周荣虎

规模鸡场实验室管理与操作手册
Guimo Jichang Shiyanshi Guanli Yu Caozuo Shouce

组织编写	南京市动物疫病预防控制中心
主　　编	刘婷婷
出版发行	东南大学出版社
出 版 人	白云飞
社　　址	南京市四牌楼 2 号(邮编：210096　电话：025－83793330)
印　　刷	苏州市古得堡数码印刷有限公司
开　　本	880mm×1230mm　1/32
印　　张	5.375
字　　数	150 千字
版 印 次	2024 年 8 月第 1 版　2024 年 8 月第 1 次印刷
书　　号	ISBN 978-7-5766-1502-9
定　　价	29.00 元
经　　销	全国各地新华书店
发行热线	025－83790519　83791830

(本社图书若有印装质量问题，请直接与营销部联系，电话：025－83791830)

编委会

（按姓名首字母排序）

前　言

随着我国养鸡业不断朝着规模化、集约化方向迅速发展，新的疫病不断出现，混合感染和非典型病例越来越常见，传统的临床诊断模式已不能满足现代化养殖企业的需求，实验室确诊才能为疫病的高效防控和精准治疗提供科学依据，规模鸡场自建实验室开展场内自检必将成为养鸡业发展的趋势。为此，我们在多方专家的指导下，广泛征集意见，参阅国内外相关资料，结合多年的动物疫病防控工作经验，编写了这本《规模鸡场实验室管理与操作手册》。

全书共十章。其中前三章为实验室设计与管理，包括规模鸡场实验室建设基本要求、人员管理及样品的管理与采集；第四章至第九章为鸡场实验室常用检测技术，包括细菌的分离培养及鉴定、血清学检测、聚合酶链式反应、寄生虫检测、药敏试验及产品质量检测；第十章为实验室管理制度。本书内容对鸡场的养殖生产工作具有较强的实用性、指导性和便捷性，有利于提高规模鸡场实验室的检测效率和监测水平。

　　本书适用于疫控系统基层兽医实验室工作人员、鸡场实验室检验人员、乡村兽医及相关专业大中专院校师生。由于编者水平和掌握的资料有限，书中难免有疏漏和不足之处，恳请专家和广大读者朋友批评指正。

编　者

2024 年 1 月

目　录

第一章　规模鸡场实验室建设基本要求

第一节　建设目的和设计原则

一、建设目的

（一）开展免疫效果评估

在家禽生产养殖过程中，免疫抗体水平是衡量疫苗免疫效果的重要指标。抗体水平检测是利用抗原抗体特异性结合的原理对鸡体内的血清抗体进行检测，常用的技术包括酶联免疫吸附试验（enzyme linked immunosorbent assay，ELISA）、琼脂扩散试验、血凝试验（hemagglutination test，HAT）与血凝抑制试验（hemagglutination inhibition test，HIT）。通过测定抗体含量来衡量鸡群疫苗免疫后的抗体水平，评估免疫效果，判断是否出现免疫失败，以便做好及时补免的准备，或根据抗体水平优化疫苗免疫方案。此外，养鸡场还可以有针对性地评估某一疫苗不同生产厂家的免疫效果，对本场的疫苗选购进行优化。

（二）开展疫病监测预警

在实际生产中，疫病监测是家禽疫病防控中至关重要的一环，也是管理者做出疫病风险预警的重要依据。病原学监测常用的技术包括体外分离培养与鉴定、PCR 技术等，主要用于病毒病、细菌病和寄生虫病的确诊。开展鸡群的疫病监测预警，对于制定疫病防控措施、保障健康生产意义重大，它可以帮助养鸡者尽早发现带毒鸡，确诊感染病原，通过及时扑杀和无害化处理阻断疫病传播，避免生产上的重大损失。

（三）开展产品质量检测

蛋鸡生产养殖中,鸡蛋品质的测定不仅可以用于对鸡蛋进行分级,还能帮助企业掌握种质资源特性(遗传特性)、饲养状况等信息,及时开展营养调控。鸡蛋品质检测涉及的指标有蛋重、蛋密度、蛋形指数、蛋壳重、蛋壳强度、蛋壳颜色、蛋壳厚度等外在指标,以及蛋白高度、浓蛋白系数、哈氏单位、蛋白 pH 值、蛋黄重、蛋黄颜色、蛋黄膜强度、蛋黄系数等内在指标。

此外,抗生素过度使用或不合理添加,易造成药物在体内残留,使鸡蛋或鸡肉产品抗生素超标。鸡肉组织和鸡蛋中的兽药残留通过食物链对人类健康产生严重影响,控制兽药残留已成为提升产品质量的重要指标,场内定期开展自检有利于及时准确地对本场鸡产品品质进行把控。

二、设计原则

为保障规模鸡场兽医实验室的正常运行,实验室建设应遵循以下原则。

（一）安全原则

满足实验室生物安全要求,设置必要的安全措施,确保检测人员及环境的安全。

（二）使用方便原则

实验室设计应便于清洁、控制、管理和操作。

（三）功能区齐全原则

综合地域特点合理设置实验室的功能,满足本场鸡群疫病预防控制要求。

（四）长远规划原则

设计要有超前意识,高标准、严要求、设计上留有发展的余地。

（五）科学合理原则

选址科学,布局合理,设计理念先进。

（六）设计专业原则

开展生物安全风险评估,做到整体构思及设计满足实验操作规程,再进行通风空调、电气、给排水、消防、生物安全措施等方面设计。

（七）厉行节约原则

根据检测项目工作量、经济状况等内容,结合本场的实际需求,尽可能厉行节约。

三、基本要求

规模鸡场兽医实验室应根据功能进行功能间的划分,各功能间除必须干净整洁外,还应满足以下基本要求:

（一）空间要求

必须为实验室安全运行、清洁和维护提供足够的空间。在实验台、生物安全柜和其他设备之间及其下面要保证有足够的空间以便进行清扫;应当有足够的储存空间来储存实验物资,以免实验台和走廊内混乱。

（二）建筑要求

实验室地面、墙壁、天花板应平整、防滑、易清洁、不渗水,耐化学品和消毒剂的腐蚀;实验室门窗密闭性良好,可开启的窗户应设置纱窗。

（三）台面要求

实验台面应是防水、耐热的,并可耐消毒剂、酸、碱和有机溶剂腐蚀。

（四）门窗及水电要求

实验室的门应有可视窗,并达到适当的防火等级;每个实验室都应有洗手池,最好安装在出口处,尽可能使用自来水;重要实验室如解剖室、病原学检测室,可根据需要设置自动水开关(或肘动、脚踏开关)。

（五）消防和应急设施要求

实验室应配备应急照明设备;按规定配备消防器材,并保持状态完好;解剖室、血清学检测室、病原学检测室应配备应急洗眼装置。

（六）通风要求

在设计时,应当考虑设置机械通风系统,以使空气向内单向流动。如果没有机械通风系统,实验室窗户应当能够打开通风。

(七) 废弃物处置要求

要设计废弃物暂存处,用于储存实验室的医疗废弃物;实验室的污水需经过沉淀池或污水处理系统处理后方可排放。

第二节　选址与功能布局

一、选址

兽医实验室的选址应首选在养鸡场内部,远离生产区、位于生产区下风向、排污设施下游的地方;若在养鸡场外部,应考虑远离附近鸡场,还应考虑远离居民区及饮用水源区域。

二、功能布局

规模鸡场兽医实验室应包括解剖室、试剂间、血清学检测室、病原学检测室、微生物检测室、产品质量检测室等功能区。

(一) 解剖室

解剖室应配备解剖台、冰箱、高压灭菌锅等设施,及一次性手术单、装尸袋、解剖器械等物资,用于病鸡的解剖和病料的采集。

解剖台的材料一般选择不锈钢材质,便于清洗,含一个连通水阀的喷头(自动或肘动开关),便于病料的冲洗,还应包含一个器械盘,盛放各类解剖器械,如剪刀、镊子、酒精灯、接种环等。冰箱应有 4 ℃和−20 ℃储存分区,4 ℃区域可以冷藏需短时间保存的样品,−20 ℃区域可以存放采集的病料。高压灭菌锅用于解剖前器械的高压灭菌和解剖后尸体的灭菌,避免病原体传播。此外还应配备消毒杀菌设备,如紫外灯、消毒液等。解剖前和解剖后均应紫外照射 30 min,解剖后要用消毒液将整个解剖室彻底喷洒消毒。

解剖室其他必须具备的物品还包括隔离服、无菌手套、口罩,用于病料研磨的器具如研磨器,用于细菌分离的器具如培养基、接种环,采集血液的注射器和 EP 管等。

（二）试剂间

试剂间应满足干燥、通风、避光等要求,同时配备试剂柜、冰箱、电子天平、药剂柜等设施,用于检测试剂的存放和兽医处方药的保存。

试剂柜应有过滤系统,用于储存挥发性试剂,避免化学药品试剂在储存过程中产生的化学气体吸入人体。冰箱应有 4 ℃和－20 ℃储存分区,便于将不同检测试剂和疫苗根据说明书的要求进行分类存放。电子天平用于配置试剂时准确称量。药剂柜用于储存常用兽药。

（三）血清学检测室

血清学检测室应当具有良好的通风和照明,室内应当保持干燥、清洁,避免灰尘和异味,需要配置普通离心机、纯水仪、培养箱、酶标仪等仪器设备,同时还应具备不同量程的移液器和枪头、不同规格的 EP 管、一次性血凝板、量筒、烧杯、容量瓶等器具。主要用于开展间接血凝试验、酶联免疫吸附试验、血凝与血凝抑制试验等血清学检测,以便及时评估各种疫苗的免疫效果。

（四）病原学检测室

病原学检测室主要用于开展分子生物学检测,内部要做进一步的分区,包含配液区、标本制备区、扩增区及产物分析区。室内配备生物安全柜、台式高速冷冻离心机、组织破碎仪、PCR 仪、电泳仪、凝胶成像系统等仪器设备,同时还应配备不同量程的移液器和枪头、PCR 管、PCR 管架等耗材,有条件的实验室可以配置荧光 PCR 仪。主要开展新城疫、高致病性禽流感、传染性支气管炎等疫病的病原学检测,及时了解场内鸡群的带毒情况。

（五）微生物检测室

微生物检测室应配置生物安全柜、显微镜、干燥箱、培养箱、摇床等仪器设备,同时还应具备不同规格的试管、锥形瓶、培养皿、接种环、酒精灯等器具。主要用于开展鸡场沙门氏菌、金黄色葡萄球菌、致病性大肠杆菌等常见菌的分离培养、药敏试验、寄生虫检测等试验。

（六）产品质量检测室

产品质量检测室应配备电子天平、游标卡尺、pH 计、蛋形指数测定仪、蛋壳颜色测定仪、螺旋测微仪、蛋壳厚度测定仪、蛋白高度测定仪、多功能蛋品质检测仪、均质器、氮气吹干装置、振荡器等仪器设备，同时还应具备不同量程的移液器和枪头、离心管、烧杯等器具，主要用于开展本场鸡蛋或鸡肉品质的测定。

第二章　人员管理

第一节　检测人员要求

一、检测人员资质

实验室专职技术人员均应达到兽医相关专业专科以上水平,并经过专业技术、质量管理、实验室安全及相关法律法规知识培训,具备一定的实验室操作能力。

二、检测人员职业素质

检测人员应遵守职业道德,努力学习钻研业务知识,不断提高理论水平和技术能力;热爱本职工作,工作认真、负责、科学、公正;严格遵守实验室规章制度,执行操作规程,检验及时、准确;遵纪守法,不谋取私利;勤俭节约,爱护仪器、设备;文明礼貌,团结协作。

三、检测人员专业技术能力

检测人员应具备一定的兽医学基础理论知识,熟悉实验室检测工作流程,并能独立完成鸡只的采血、解剖和各项指标的检测工作,同时具备一定的生物安全知识。

四、日常防护

为确保实验室检测人员的工作安全,防止交叉感染,检测人员应熟知防护用品的使用及防护要求,严格做好相关防护。

（一）眼部防护

开展有潜在眼部危害的实验和试剂取拿时,为了避免传染性物质飞溅、喷溅、滴落或气溶胶对眼部造成危害,应佩戴防护眼罩。如在进行试验鸡的气管切开、尸体剖检和组织活检等操作时,应在佩戴防护眼罩的基础上加戴防护面罩,防止感染性物质从头顶部、脸侧面及底部进入。

（二）呼吸防护

常用的呼吸防护装备包括一次性外科口罩、N95防护口罩、过滤式呼吸器和正压呼吸器等。对于不直接进入实验室核心工作间的辅助人员、保障人员、外来参观人员,以及参与实验但不会接触患病动物、血液、体液和其他污染物的操作人员,其风险暴露等级相对较低,佩戴一次性外科口罩即能满足防护需要。

实验人员开展直接接触病原的实验或检测的,如采样、接触鸡的血液、体液和其他污染物的实验,风险暴露等级提高,应佩戴N95等型号的防护口罩。防护口罩具有良好的表面防水、抗湿及防液体穿透能力,能够有效降低气溶胶产生、液体喷溅导致的感染性微生物穿透口罩的概率。过滤式呼吸器和正压呼吸器仅在生物安全等级较高的实验室才需要佩戴。

（三）手部防护

实验室所有操作都需要依靠操作者的双手来完成,因此手部是接触感染物质最频繁的部位,必须佩戴防护手套。针对实验室常见溢洒、喷溅和气溶胶造成的感染性物质扩散,防护手套能够对手部及腕部提供有效的物理防护。除一般防护手套外,还有绝缘手套和防切割手套等特殊防护手套,可以为操作高温、低温等实验和开展尸体解剖工作的实验人员提供更加有效的手部防护。

实验人员应选择类型和尺码正确的防护手套,从而避免妨碍动作或影响手感。在佩戴手套前需检查手套是否老化、损坏和泄漏,佩戴时应将防护服袖口扎进手套口。由于在实验过程中,防护手套是受污染最严重的防护装备,因此在实验操作中要避免手套触摸鼻子、面部,禁止戴手套调整防护眼镜、口罩和其他防护装备,尽量减少戴手套触摸实验室内各种开关和门把手等。在实验操作结束后离开生物安全柜时或接触污染物品后必须消毒并更换防护手套。

（四）躯体防护

躯体防护装备一般包括分体工作服、连体式防护服、背开式隔离服和正压防护服。分体工作服防护性较低，因此除实验室外围工作人员及技术保障人员外，其他实验人员通常不能单独用其来进行躯体防护，仅将其作为贴身内层防护服，配合连体防护服使用。连体式防护服在实验操作中使用较多，是躯体防护的主要装备，防护性能较好，具备良好的防水、抗液体穿透性。在绝大多数场合下，实验人员需选择前开拉链的款式，袖口、脚踝处应为弹性收口。

当实验人员所从事实验活动风险较高时，还应在连体式防护服外加穿一次性背开式隔离服，以确保不发生渗透污染。正压防护服备配有生命支持系统，通常仅在生物安全等级较高的实验室使用。

连体防护服和隔离服在穿着时要保证颈部和腕部扎紧，脱防护服时必须遵循"由上至下""由内向外"的原则，即从头颈部向足部方向脱下防护服/隔离服，在脱下过程中要不断将防护服/隔离服内面向外翻卷，始终保持清洁面包裹污染面，尽可能降低污染风险。

（五）脚部防护

实验操作人员开展解剖、采样或者涉外实验时，须穿鞋套为足部提供充分的防护，避免病原污染或腐蚀性试剂损伤。当实验室内出现感染性液体泄漏或处理大量实验鸡排泄物和尸体时，应穿戴具有防水、防渗透和防滑功能的防护鞋并在外穿戴长筒鞋套。

五、健康管理

进入实验室的检测人员应穿着白大褂或防护服、手套、鞋套等防护装备，做好防护措施。离开实验室时应及时脱掉白大褂并集中摆放，白大褂应定期统一洗涤、消毒或更换；如穿着一次性防护服，应脱下置于指定垃圾桶内，不得穿着外出；工作完全结束后方可除去手套，不得戴着手套离开实验室，一次性手套不得清洗和再次使用。

做好个人防护，防止利器损伤。在使用一次性采血器时，用过的针头禁止折弯、剪断、折断,应重新盖帽后,直接放入防穿透的容器(利器盒)中,禁止用手直接处理破碎的玻璃器具。

检测工作人员禁止在实验室内饮食、吸烟、处理隐形眼镜、化妆及储存食物,生活区与实验区的卫生清洁工作应分开,防止交叉污染。此外,检测工作人员应定期开展身体检测工作,建立实验室人员健康档案。

第二节　外来人员管理

针对外来人员,应制定外来人员管理制度,严格控制外来人员出入,并做好出入登记。

外来人员因工作需要进入实验室的,须有相关工作对接人员陪同,做好防护措施。接待陪同人员,须提醒外来人员不可在实验室内随意活动、大声喧哗,不得带入食品和火种等物品,不得干扰内部员工正常开展实验,遵守实验室操作规程。未经许可不得拍照、摄像,不得使用内部办公电脑、仪器设备和试剂盒等,不得拷贝资料,不得拆解或带走实验室内设备。

第三章　样品的管理与采集

第一节　样品的管理

一、样品接收

观察样品性状，初步判断样品是否适合用于检测，确保接收的样品满足检测要求；确保样品在实验室的整个期间标识清晰、可追溯；确保样品在储存、制备和处置过程中不变质、不遗失或损坏；认真记录来样登记。

二、控制要求

（一）样品运输

样品采集完毕，短时间内可以送到实验室的冷藏运输即可；短时间内无法送达实验室的样品，除全血和用于细菌分离的样品外，可先冷冻 24 h，然后再冷链运输。

（二）样品编号

对已接收的样品进行编号，所有样品的编号要具备唯一性，可选用样品种类首字母＋日期＋序号的方式依次进行编号，例如 2023 年 12 月 11 日采集的血清样品编为 XQ20231211-1。

（三）样品登记

完整填写《来样登记表》，内容应包括样品种类、数量、编号、收样人、收样日期、拟检测指标等。

（四）样品暂存

样品接收后，对于不能马上进行检测的样品，应进行临时保管。

保管时,应按样品种类和检测目的进行分类储存。

(五) 样品流转

根据检测主体不同可将样品分为三类:自检样品、送检样品和共检样品。不同种类的样品流转方式也不同。

1. 自检样品:指完全由本实验室负责检测的样品。样品管理员分析和标识样品后,对样品按要求进行分样(将样品分为两份:一份作为检测样品,一份作为保留样品)、标识并制备,填写《样品流转单》。检测人员领取样品后,应在流转单上签字并核对样品后方可进行检测,检测完成后将剩余样品和流转单退还给样品管理员。

2. 送检样品:指需要送至第三方实验室检测的样品。样品管理员在登记送检样品时要备注样品去向,然后对样品进行制样、标记和包装,包装好的样品随采样单一起尽快送至第三方实验室。采样单留存复印件,样品包装要符合密闭、防水、防渗、防破损、耐腐蚀等要求。

3. 共检样品:指本实验室不能独立完成所有检测项目或检测结果存疑,需要由第三方实验室协助完成检测的样品。此类样品需要样品管理员制样时将样品分为三份(一份自检,一份送检,一份留样备份),并在《来样登记表》上备注送检样品去向及检测目的。

三、样品保存

样品应根据检测目的和样品种类进行分类保存,通常全血和用于细菌分离的样品不能冷冻保存,冷藏保存时间不宜超过1周,其他样品长时间保存需要-20 ℃冻存,菌液冻存时需按1∶1比例加入40%甘油。有条件的实验室可以选择超低温冰箱进行样品的冷冻保存。

实验室应明确专人负责样品的接收登记、识别、流转、保管、留样和销毁工作,同时负责样品在检验期间的保护和储存工作。样品正式收检后,除将一次检测用量的样品发给相关检验员外,其余应进行预留样。检验完毕的剩余样品随同《样品流转单》交管理员,样品留样由实验室统一造册登记。调用留样期间的样品需填写《留样领用申请表》，经实验室负责人批准后方可领取，调用后的剩余样品退回，如用完应及时注销。留样期满的样品，由保管人列出清单，经实验室负责人审核后批准，由两人以上共同销毁，并填写《样品销毁登记表》。

第二节　鸡只的解剖

一、器具准备

骨剪、解剖剪、镊子、注射器、消毒桶（内含消毒液）、托盘、装尸袋等。

二、外观检查

（一）羽毛

观察羽毛是否蓬乱、污秽及有无脱毛等现象。

（二）天然孔

检查口、鼻、耳和眼以及泄殖腔等天然孔有无分泌物流出，分泌物的颜色、形状、数量等，泄殖腔周围是否污染。

（三）皮肤

检查头冠、肉髯、腹壁等处皮肤是否有结节、出血、淤血、外伤、水肿、发绀等。

（四）关节

检查关节、趾部有无肿胀、扭曲、粗大、变形或其他异常。

（五）嗉囊

检查嗉囊充盈度。

三、心脏致死

保定人员将鸡仰卧保定，胸骨朝上，露出胸前口，鸡头朝向操作人员；操作人员左手拇指在胸腔前口按压，将嗉囊挤向一侧，左手拇指伸直并沿颈椎前伸至锁骨俯角，右手持 10mL 注射器针头紧贴左手拇指，从胸腔前口平行于颈椎顺着体中线方向水平刺入心脏（图 3-1），回抽见有回血，保持针头不动，拧下针筒，将针芯外拉使空气注满针筒，装上针筒将空气注入鸡心脏，待鸡死亡后进行解剖。

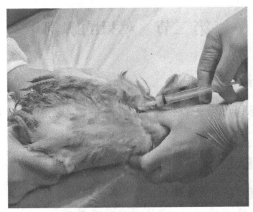

图 3-1　鸡心脏致死

四、消毒

将死鸡浸渍于消毒液中，使羽毛浸湿，洗去污物，放置于托盘中。

五、解剖

（一）皮下组织和肌肉检查

先将腹壁和大腿内侧的皮肤切开，用力将大腿按下，分别使左、右髋关节脱臼，仰卧固定鸡体。横切胸骨末端后方皮肤，与两侧大腿的竖切口连接，将胸骨末端后方的皮肤拉起，向前分离，使整个胸腹及颈部的皮下组织和肌肉充分暴露，检查皮下组织和肌肉。

（二）打开胸、腹腔

从泄殖腔至胸骨后端沿腹正中线剪开腹壁，然后沿肋骨弓切开肌肉，暴露腹腔。从龙骨突两侧由后向前剪开肌肉，并沿龙骨与肋骨间将两侧胸壁剪开,再用骨剪剪断乌喙骨和锁骨,用镊子夹住龙骨嵴,将胸骨向上向前翻转,切断肝、心与胸骨的联系及其周围的软组织,暴露胸腔(图3-2)。

图3-2　鸡体解剖

（三）气囊及胸腹腔检查

观察气囊是否浑浊,表面是否有渗出物;观察胸腹腔内是否有渗出物;观察各器官表面状态。

（四）脾脏及消化道检查

用镊子伸到肌胃下,向上勾起,从腺胃前端剪断,将腺胃、肌胃、脾、肠管及肛门一同取出。观察有无异常。

（五）肝脏和心脏检查

切断肝脏韧带,将肝脏连同心脏一起取出。观察有无异常。

（六）肾脏和生殖系统检查

公鸡注意保留完整的睾丸,母鸡应把卵巢和输卵管取出,使肾脏和法氏囊显现。观察有无异常。

（七）肺脏检查

用镊子将陷于肋间的肺脏完整取出。从嘴角一侧剪开至食管和嗉囊,把气管剪开。观察有无异常。

（八）上呼吸道检查

从鼻孔上方切断鸡喙,露出鼻腔,用手挤压,检查分泌物的性状和鼻腔及眶下窦有无异常。

（九）脑组织检查

剪开眶下窦，剥离头部皮肤，用骨剪剪开颅腔露出大脑、小脑。观察有无异常。

（十）坐骨神经检查

在大腿内侧剪去内收肌，暴露坐骨神经。观察有无异常。

六、废弃物处理

尸体和废弃物统一进行无害化处理。

第三节　样品的采集

鸡场实验室检测常用的样品种类有血清、双拭子、组织病料、环境样品等，不同的样品采集方法也各不相同。

一、血清样品

（一）采样准备

干棉球、碘伏棉球、采血器、离心管及自封袋、记号笔、采样单、冰袋、采样箱等。

（二）保定及消毒

侧卧保定，展开翅膀，露出腋窝部，拔掉羽毛，在翅下静脉处用碘伏棉球由里向外做点状螺旋式消毒。

（三）采样方法

拇指压迫近心端，待血管怒张后，用采血器，平行刺入翅静脉，放松对近心端的按压，缓慢向外拉动拉杆，使血液流入采血器（图 3 - 3）；拔出针头后用干棉球压迫止血；采血后，将采血器活塞外拉预留血清析出空间，并套上护针帽，去除拉杆；对所采样品进行编号并放入保温箱或保温瓶；填写采样单。

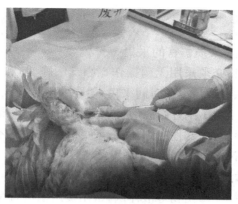

图 3 - 3　鸡翅静脉采血

（四）血清分离

1. 直接分离法：采集血样后将采血器往后抽吸空气，预留 2～3 mL 的空间，待凝固后放在冷藏箱中带回实验室，取出在常温下 45°倾斜静置 1～2 h，也可以置于 37 ℃恒温箱中 1 h，任其自然凝固析出血清便可。此法简捷、成本低，工作中经常使用。

2. 离心法：首先将装有血液样品的采血器或离心管室温下静置，待其凝固后，用离心机 2000～3000 rpm/min 离心 5～10 min，管内上清液即为分离出的血清，用移液器移入 2 mL 离心管，标记备用。

二、双拭子

（一）采样准备

无菌棉拭子、离心管（内含磷酸盐缓冲液，简称"PBS"）及自封袋、采样单、记号笔、冰袋、采样箱等。

（二）采样方法

无菌棉拭子插入鸡咽喉及上颚裂处来回刮 3～5 次取咽喉分泌物；另取一无菌棉拭子插入泄殖腔约 1.5～2.0 cm，旋转 2～3 圈后粘上粪便；将两个棉拭子一同放入含有 1 mL PBS 的 2 mL 离心管中，盖上管盖。对所采样品进行编号并放入保温箱，填写采样单。

三、组织病料

(一) 组织和实质器官的采集

病料的采集必须采用无菌操作。心、肝、脾、肺和肾等实质性器官要在打开胸、腹腔后第一时间采集,切取的组织应该包括病变部分及相邻的健康组织。剖开腹腔后,注意保持肠管的完整,防止剪破肠道致使肠内容物污染其他组织器官;采集肝脏时注意不要弄破胆囊,以免造成胆汁污染。

(二) 液体病料的采集

胆汁、脓肿液、渗出物等液体病料,用烫烙法消毒采样部位,使用灭菌吸管、毛细吸管或注射器,吸取病变组织的液体,将病料注入灭菌的离心管中,封好送检。

(三) 全血的采集方法

用灭菌注射器自鸡的心脏或翅静脉采血 2~5 mL,注入灭菌试管中。一般在血液中加入少量的抗凝剂(5%的柠檬酸钠或肝素),缓慢混匀。

四、环境样品

(一) 水标本

在水沟或水池不同点位收集水标本 5~10 mL 置于 15 mL 外螺旋盖的管内。如果采集的水标本中存在固体物质,应将标本在无菌条件下使用移液器反复吹打,以打碎固体物质,置 4 ℃待其自然沉淀 30 min,也可用离心机 3000 rpm/min 离心 10 min,取上清分装。

(二) 笼具表面标本

每个笼具采集 1 份标本放在 1 个单独采样管中。用蘸有采样液的带有聚丙烯纤维头的拭子擦拭笼具表面鸡最常接触的 3~5 个不同部位(包括笼具底部),然后将擦拭过的拭子放入含 5 mL 采样液的采样管中,弃去尾部;也可用多个拭子充分擦拭笼具表面后放到 1个采样管中。收集的环境标本溶液要在无菌条件下使用移液器反复吹打以打碎固体,置 4 ℃待其自然沉淀 30 min,也可用离心机 3000 rpm/min 离心 10 min,取上清分装。

(三)粪便标本

从鸡舍或环境中采集新鲜鸡粪便样品 3～5 g,放入含 5 mL 采样液的采样管中。采集的粪便标本要在无菌条件下反复吹打,以打碎黏液和固体物质,置 4 ℃待其自然沉淀 30 min,也可用离心机 3000 rpm/min 离心 10 min,取上清分装。

(四)污水标本

如有清洗鸡类器具的污水盆或桶,可采集其中的污水标本。将水槽中水样用无菌的、一次性的玻璃棒或棉签充分混匀后采集 5～10 mL 置于 15 mL 外螺旋盖的管内。送至实验室后的处理方法与水标本相同。

第四章　细菌的分离培养与鉴定

第一节　培养基的制备

培养基是一种由不同营养物质组合配制而成的营养基质,一般含有碳水化合物、含氮物质、无机盐(包括微量元素)、维生素和水等几大类物质。培养基除了要含有细菌生长所必需的营养物质外,还要有适宜的酸碱度(pH)和渗透压。培养基由于富含营养物质,易被污染或变质,配好后不宜久置,最好现配现用。

一、培养基的分类

(一) 按成分分类

根据培养基的组成成分,可分为天然培养基、合成培养基和半合成培养基三大类。

1. 天然培养基:指含有化学成分还不清楚或化学成分不恒定的天然有机物,也称非化学限定培养基。牛肉膏、蛋白胨、酵母浸粉、肉浸液、玉米浆、血清、牛奶、稻草浸汁、羽毛浸汁、胡萝卜汁、椰子汁等就属于此类培养基。天然培养基成本较低,培养效果良好,除实验室使用外,也适于用来进行工业上大规模的微生物发酵生产。

2. 合成培养基:指根据目标培养物所需营养物质的种类和数量,精确设计并由已知成分的纯化学药品人工配制而成的,可精确掌握各成分性质和数量的一类培养基,也称化学限定培养基。一般用于研究微生物的形态、营养代谢、分类鉴定、菌种选育、遗传分析等。

3. 半合成培养基:指用天然原料加入一定的化学试剂配制而成的培养基。其中天然成分提供碳、氮源和生长素,化学试剂补充各种无机盐。培养真菌的马铃薯蔗糖培养基就属于此种类型。

（二）按形态分类

培养基按其不同的物理状态,可分为液体、流体、半固体和固体4类,培养基的物理状态取决于培养基中是否加入凝固剂及加入凝固剂的量。可用作凝固剂的物质有琼脂、明胶和硅胶等,对绝大多数微生物而言,琼脂是最理想的凝固剂。

1. **液体培养基**:不加任何凝固剂,常温下以液态形式存在的培养基,如肉汤培养基或一般液体增菌培养基。

2. **流体培养基**:在液体培养基中加入 0.05%～0.1%的琼脂粉,使其具一定黏度,即成流体培养基。加入琼脂粉可增加培养基的黏度,降低空气中氧气进入培养基的速度,使培养基保持较长时间的厌氧条件,有利于一般厌氧菌的生长繁殖。一般用于霉菌和厌氧菌检查的液体培养基中可加入少量琼脂使其形成流体培养。

3. **半固体培养基**:在液体培养基中加入 0.2%～0.5%的琼脂粉,加热溶解后冷却即成,以倒置不流动的最软状态为宜。一般供细菌动力试验、菌种传代、保存和储运标本之用。

4. **固体培养基**:在液体培养基中加入 1%～2%的琼脂粉,加热溶解后冷却,在常温下能保持固体状态。固体培养基一般是加入平皿或试管中,制成培养微生物的平板或斜面,可为微生物提供一个营养表面,单个微生物细胞在这个营养表面进行生长繁殖,可以形成单个菌落。常用来进行微生物的分离、鉴定、活菌计数及菌种保藏,还可用于微生物的纯化、药敏试验及菌苗制造等。

（三）按用途分类

根据用途不同,培养基可分为基础培养基、营养培养基、增菌培养基、选择性培养基、鉴别培养基、厌氧菌培养基等。

1. **基础培养基**:含有细菌生长繁殖所需的基本营养物质,可供大多数细菌生长。在牛肉浸液中加入适量的蛋白胨、氯化钠、磷酸盐,pH 调节至 7.2～7.6,经灭菌处理后,即为基础液体培养基;如再加入 0.2%～0.5%的琼脂,则为基础半固体培养基;加入 1%～2%

的琼脂,则为基础固体培养基。牛肉膏蛋白胨培养基就是最常用的基础培养基,它可作为一些特殊培养基的基本成分,再根据某种微生物的特殊要求,在基础培养基中添加所需营养物质。

2. **营养培养基**:在基础培养基中添加一些特殊的营养物质,如葡萄糖、血液、血清、酵母浸膏、生长因子等,可供营养要求较高的细菌在其中生长。例如链球菌、肺炎链球菌等需在含血液或血清的培养基中生长;结核分枝杆菌的培养基中须添加鸡蛋、马铃薯、甘油等。最常用的营养培养基是血琼脂平板。

3. **增菌培养基**:一般为液体培养基,能够给微生物的繁殖提供特定的生长环境。用于细菌的增菌培养,可泛用,也可专用,在专用增菌培养基中常含有目的菌生长所需要的特殊营养物质或生长因子。

4. **选择性培养基**:根据某种(类)微生物特殊的营养要求或针对某些特殊化学、物理因素的抗性而设计的,能选择性区分这种(类)微生物的培养基。选择性培养基含有营养物(增菌剂)和抑菌剂(选择剂),标本接种于此类培养基后,由于抑菌剂的选择性抑制作用,使非目的菌受到不同程度的抑制,有利于目的菌的增殖或分离。

5. **鉴别培养基**:用于鉴别不同类型微生物的培养基。在培养基中加入特殊的化学物质,微生物在培养基中生长后能产生某种代谢产物,而这种代谢产物可以与培养基中的特殊化学物质发生特定的化学反应,产生明显的特征性变化,根据这种特征性变化,可将该种微生物与其他微生物区分开来。

6. **厌氧菌培养基**:培养专性厌氧菌的培养基,除含营养成分外,还要加入还原剂以降低培养基的氧化还原电势。可以为厌氧菌的正常生长提供营养成分丰富、氧化还原电势较低、具有特殊生长因子的专用培养基。

二、培养基的配制

(一) 配制用水

培养基的主要成分是水,所以水的质量直接影响培养基的质量。

一般实验室里用玻璃蒸馏器制备的双蒸水,纯水机制备的纯水或超纯水都符合使用条件。

（二）配制方法

1. 配料:确定配方→在容器中加入少量水→按照配方称取各种原料,依次加入→补足所需水量。

2. 溶解:淀粉溶解,少量冷水调成糊状;加热溶解,特别是加有琼脂的培养基,一定要煮沸,琼脂的溶解温度95～97 ℃,且需要边加热边搅拌以防止烧焦。

3. 调 pH:用 1 mol/L 的盐酸或 1 mol/L 的 NaOH 把培养基的 pH 值调节到所要求的值。

4. 分装:一般培养基放在三角瓶或试管中灭菌使用。

（1）三角瓶分装。若作静置培养,用 100 mL 培养基/250 mL 的三角瓶,最多不能超过 150 mL 培养基/250 mL 的三角瓶,否则灭菌时培养基沸腾容易污染棉塞,造成染菌;若作摇瓶培养,用 15～20 mL 培养基/250 mL 的三角瓶,保证通气良好。

（2）试管分装。液体培养基一般装 4～5 mL,约试管的 1/4 高度;固体斜面培养基一般装 3～4 mL,约试管的 1/5 高度。

5. 包扎:分装好后,塞上瓶塞,再用牛皮纸将瓶塞包裹好,防止灭菌时水分进入,把棉塞弄湿。

6. 灭菌:按配方上要求的温度、压力进行高压蒸汽灭菌。灭菌的温度不可太高,否则会破坏培养基中的营养成分。

7. 摆斜面:灭菌后需要摆斜面的试管要趁热斜着摆放,使其凝固成为一个斜面,约占试管长度的 1/2。

8. 贮存:培养基在 30 ℃下放置一天,无污染的即可使用。一般用牛皮纸包裹好存放于 2～8 ℃冰箱中备用。

（三）注意事项

1. 培养基配方的选定:同一种培养基的配方出处不同,可能会有些许差异。因此,除有"标准"规定的配方,应严格按其规定进行配制外,其余配方应尽量收集有关资料,加以比较核对,再依据自己的

23

使用目的进行选择,并记录其来源。

2. 培养基的制备记录:每次制备培养基均应有记录,记录内容包括培养基名称,配方及其来源,各种成分的品牌、生产厂家、批号,最终 pH 值,消毒的温度和时间,制备日期和制备人等。记录应复制一份,原记录保存备查,复制记录随制好的培养基一同存放,以防发生混乱。

3. 培养基成分的称取:培养基所用化学药品均应是化学纯的,各种成分必须精确称取并要注意防止错乱,最好一次完成,不要中断。可将配方置于旁侧,每称完一种成分即在配方上做出标记,并将所需称取的药品一次取齐,置于左侧,每种称取完毕后,即移放于右侧。完全称取完毕后,还应进行一次检查。

4. 培养基各成分的混合和溶化:溶化培养基使用的蒸煮锅不得为铜锅或铁锅,以防有微量铜或铁混入培养基中,影响微生物生长。最好使用不锈钢锅加热溶化,也可放入大烧杯或大烧瓶中置高压蒸汽灭菌器或流动蒸汽消毒器中蒸煮溶化。在锅中溶化时,可先用温水边加热边搅动,以防焦化,如发现有焦化现象的培养基便不可再使用,应重新制备。待大部分固体成分溶化后,再用较小火力使所有成分完全溶化,直至煮沸。若为琼脂培养基,应先用一部分水将琼脂溶化,用另一部分水溶化其他成分,然后将两溶液充分混合。在加热溶化过程中,因蒸发而丢失的水分,最后必须补足。

5. 培养基 pH 的调节:培养基各成分完全溶解后,再进行 pH 的调节,因培养基在加热灭菌过程中 pH 会有所变化,如牛肉浸液 pH 约降低 0.2,肠浸液 pH 却会有显著的升高。操作者应注意探索经验,以掌握各类培养基的最终 pH 调节规律,保证培养基的质量。

(四)常用培养基的配制

1. LB 培养基:蛋白胨 10 g、酵母提取物 5 g、氯化钠 10 g,将以上组分溶解在 0.9 L 水中,用 1 mol/L NaOH 调整 pH 至 7.0,再补足水至 1 L。分装后,121 ℃高压灭菌 15 min(注:琼脂平板需添加琼脂粉 12 g/L,上层琼脂平板添加琼脂粉 7 g/L)。

2. SOB 培养基:蛋白胨 20 g、酵母提取物 5 g、氯化钠 0.5 g、1 mol/L 氯化钾 2.5 mL,将以上组分溶解在 0.9 L 水中,用 5 mol/L KOH 调节 pH 至 7.0,再补足水至 1 L。将 1 L 分装成 100 mL 的小份,121 ℃高压灭菌 15 min。培养基冷却到室温后,再在每 100 mL 的小份中加 1 mL 灭过菌的 1 mol/L 氯化镁。

3. SOC 培养基:成分、方法同 SOB 培养基的配制,只是在培养基冷却到室温后,除了在每 100 mL 的小份中加 1 mL 灭过菌的 1 mol/L 氯化镁外,再加 2 mL 灭过菌的 1 mol/L 葡萄糖(18 g 葡萄糖溶于足够水中,再用水补足到 100 mL,用 0.22 μm 的滤膜过滤除菌)。

4. TB 培养基:蛋白胨 12 g、酵母提取物 24 g、甘油 4 mL,将以上组分溶解在 0.9 L 水中,各组分溶解后 121 ℃高压灭菌 15 min。冷却到 60 ℃,再加 100 mL 灭菌的 170 mmol/L KH_2PO_4/0.72 mol/L K_2HPO_4 溶液(2.31 g 的 KH_2PO_4 和 12.54 g K_2HPO_4 溶在足量的水中,使终体积为 100 mL)。121 ℃高压灭菌 15 min 或用 0.22 μm 的滤膜过滤除菌。

5. 2A×YT 培养基:蛋白胨 16 g、酵母提取物 10 g、氯化钠 4 mL。将以上组分溶解在 0.9 L 水中,如果需要,用 1 mol/L NaOH 调整 pH 至 7.0,再补足水至 1 L。分装后 121 ℃高压灭菌 15 min(注:琼脂平板需添加琼脂粉 12 g/L,上层琼脂平板添加琼脂粉 7 g/L)。

6. 营养肉汤:蛋白胨 10 g、牛肉膏 3 g、氯化钠 5 g、琼脂 15~20 g,将以上组分溶解在 0.9 L 水中,用水补足体积至 1 L。用 15% NaOH 溶液约 2 mL 校正 pH 至 7.2~7.4,分装于烧瓶内,121 ℃高压灭菌 15 min。

7. 营养琼脂:蛋白胨 10 g、牛肉膏 3 g、氯化钠 5 g、琼脂 15~20 g,将以上组分溶解在 0.9 L 水中,用水补足体积至 1 L。用 15% NaOH 溶液约 2 mL 校正 pH 至 7.2~7.4。加入琼脂,加热煮沸,使琼脂溶化,分装于烧瓶内,121 ℃高压灭菌 15 min。此培养基可供一般细菌培养之用,可倾注平板或制成斜面。如用于菌落计数,琼脂量为 1.5%;如做成平板或斜面,琼脂量则应为 2%。

8. 乳糖胆盐发酵管：蛋白胨 20 g、猪胆盐（或牛、羊胆盐）5 g、乳糖 10 g、0.04%溴甲酚紫水溶液 25 mL。将蛋白胨、胆盐及乳糖溶于 0.9 L 水中，校正 pH 至 7.4，再补足水至 1 L。加入指示剂，每管分装 10 mL，并放入一个小倒管，115 ℃高压灭菌 15 min（注：双料乳糖胆盐发酵管除水外，其他成分加倍）。

9. 乳糖发酵管：蛋白胨 20 g、乳糖 10 g、0.04%溴甲酚紫水溶液 25 mL。将蛋白胨及乳糖溶于 0.9 L 水中，校正 pH 至 7.4，再补足水至 1 L。加入指示剂，按检验要求每管分装 3 mL，并放入一个小倒管，115 ℃高压灭菌 15 min（注：双料乳糖发酵管除水外，其他成分加倍）。

10. 缓冲蛋白胨水（BP）：蛋白胨 10 g、氯化钠 5 g、磷酸氢二钠（$Na_2HPO_4 \cdot 12H_2O$）9 g、磷酸二氢钾 1.5 g。将以上组分溶解在 0.9 L 水中，校正 pH 至 7.4，再补足水至 1 L。121 ℃高压灭菌 15 min，临用时进行无菌分装（注：本培养基供沙门氏菌前增菌用）。

11. 氯化镁孔雀绿增菌液（MM）：甲液：胰蛋白胨 5 g、氯化钠 8 g、磷酸二氢钾 1.6 g、水 1 L。乙液：氯化镁（化学纯）40 g、水 100 mL。丙液：0.4%孔雀绿水溶液。分别按上述成分配好后，121 ℃高压灭菌 15 min 备用。临用时取甲液 90 mL、乙液 9 mL、丙液 0.9 mL，无菌操作混合即可。

12. 亚硒酸盐胱氨酸增菌液（SC）：蛋白胨 5 g、乳糖 4 g、亚硒酸氢钠 4 g、磷酸氢二钠 5.5 g、磷酸二氢钾 4.5 g、L-胱氨酸 0.01 g。1% L-胱氨酸-氢氧化钠溶液的配法：称取 L-胱氨酸 0.1 g（或 DL-胱氨酸 0.2 g），加 1 mol/L 氢氧化钠 1.5 mL，使溶解，再加入水 8.5 mL 即成。将除亚硒酸氢钠和 L-胱氨酸以外的各成分溶解于 900 mL 水中，加热煮沸，冷却备用。另将亚硒酸氢钠溶解于 100 mL 水中，加热煮沸，冷却，以无菌操作与上液混合。再加入 1% L-胱氨酸-氢氧化钠溶液 1 mL。分装于灭菌瓶中，pH 应为 7.0。

13. DHL 琼脂：蛋白胨 20 g、牛肉膏 3 g、乳糖 10 g、蔗糖 10 g、去氧胆酸钠 1 g、硫代硫酸钠 2.3 g、柠檬酸钠 1 g、枸橼酸铁铵 1 g、中性红 0.03 g、琼脂 18～20 g。将除中性红和琼脂以外的成分溶解于

400 mL 水中,校正 pH 至 7.3。再将琼脂于 600 mL 水中煮沸溶解,两液合并,加入 0.5%中性红水溶液 6 mL,待冷至 50～55 ℃,倾注平板。

14. **麦康凯琼脂**:蛋白胨 17 g、际蛋白胨 3 g、猪胆盐(或牛、羊胆盐)5 g、氯化钠 5 g、琼脂 17 g、乳糖 10 g、0.01%结晶紫水溶液 10 mL、0.5%中性红水溶液 5 mL。将蛋白胨、际蛋白胨、胆盐和氯化钠溶解于 400 mL 蒸馏水中,校正 pH 至 7.2。将琼脂加入 600 mL 加热溶解。两液合并,分装于烧瓶内,121 ℃高压灭菌 15 min 备用。临用时加热溶化琼脂,趁热加入乳糖,冷至 50～55 ℃时,加入结晶紫和中性红水溶液,摇匀后倾注平板(注:结晶紫及中性红水溶液配好后须经高压灭菌)。

15. **伊红美蓝琼脂(EMB)**:蛋白胨 10 g、乳糖 10 g、磷酸氢二钾 2 g、琼脂 17 g、2%伊红 Y 溶液 20 mL、0.65%美蓝溶液 10 mL。将蛋白胨、磷酸盐和琼脂溶解于 0.9 L 水中,校正 pH 至 7.1,再补足水至 1 L。分装于烧瓶内,121 ℃高压灭菌 15 min 备用。临用时加入乳糖并加热溶化琼脂,冷至 50～55 ℃,加入伊红和美蓝溶液,摇匀,倾注平板。

16. **三糖铁琼脂(TSI)**:蛋白胨 20 g、牛肉膏 5 g、乳糖 10 g、蔗糖 10 g、葡萄糖 1 g、氯化钠 5 g、硫酸亚铁铵六水[Fe(NH$_4$)$_2$ · (SO$_4$)$_2$ · 6H$_2$O]0.2 g、硫代硫酸钠 0.2 g、琼脂 12 g、酚红 0.025 g。将除琼脂和酚红以外的各成分溶解于 0.9 L 水中,校正 pH 至 7.4,再补足水至 1 L。加入琼脂,加热煮沸,以溶化琼脂。加入 0.2%酚红水溶液 12.5 mL,摇匀。分装于试管内,装量宜多些,以便得到较高的底层。121 ℃高压灭菌 15 min。放置高层斜面备用。

17. **三糖铁琼脂(换用方法)**:蛋白胨 15 g、际蛋白胨 5 g、牛肉膏 3 g、酵母膏 3 g、乳糖 10 g、蔗糖 10 g、葡萄糖 1 g、氯化钠 5 g、硫酸亚铁 0.2 g、硫代硫酸钠 0.3 g、琼脂 12 g、酚红 0.025 g。将除琼脂和酚红以外的各成分溶解于 0.9 L 水中,校正 pH 至 7.4,再补足水至 1 L。加入琼脂,加热煮沸,以溶化琼脂。加入 0.2%酚红水溶液

12.5 mL,摇匀。分装于试管内,装量宜多些,以便得到较高的底层。121 ℃高压灭菌 15 min。放置高层斜面备用。

18. 5%乳糖发酵管:蛋白胨 0.2 g、氯化钠 0.5 g、乳糖 5 g、2%溴麝香草酚蓝水溶液 1.2 mL。将除乳糖以外的各成分溶解于 50 mL 水中,校正 pH 至 7.4,将乳糖溶解于另外 50 mL 水中,分别 121 ℃高压灭菌 15 min,以无菌操作将两液混合,并分装于灭菌小试管内。

19. 胰蛋白胨水:胰蛋白胨 10 g,溶解在 0.9 L 水中,用 1 mol/L NaOH 调整 pH 至 7.0,再补足水至 1 L。分装于试管,121 ℃高压灭菌 15 min。

20. 3.5%氯化钠三糖铁琼脂:三糖铁琼脂 1000 mL、氯化钠 30 g。按前面三糖铁琼脂配制方法,再加入氯化钠 30 g,分装于试管,121 ℃高压灭菌 15 min。放置高层斜面备用。

备注:以上培养基配方中的水,均指双蒸水、纯水或超纯水。

第二节　细菌的分离培养

一、常用的接种方法

根据待检标本的性质、培养目的和所用培养基的种类选用不同的接种方法。

（一）平板划线分离培养法

对混有多种细菌,采用划线分离和培养,使原来混杂在一起的细菌沿划线在琼脂平板表面分离,得到分散的单个菌落,以获得纯种。平板划线分离法通常有以下两种方法。

1. 分区划线分离法:用于含菌量较多的细菌的分离,常用的有三区划线法和四区划线法。

三区划线法:三区划线中第一区所占的区域大约是平板面积的 1/5 至 1/4;第二区搭过第一区的面积使微生物数量得到"稀释",第三区搭过第二区的面积使微生物数量进一步"稀释";第三区不可与第一区有重叠的划线;通常划完三区后就可以出现单菌落(如图4-1)。

四区划线法:与三区划线类似,只是每一区的划线面积相应减小;同样第三区不可与第一区相重叠,第四区不可与第二区和第一区相重叠;四区划线比三区划线多稀释一次(如图4-2)。

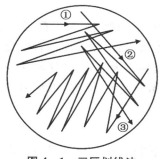

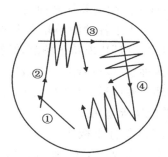

图4-1 三区划线法　　　　　图4-2 四区划线法

注意每划完一个区域,均将接种环烧灼灭菌1次,冷后再划下一区域,每一区域的划线均与上一区域的划线交接1~3次。一个成功分区划线的平板,培养后分别观察①区形成菌苔,②区菌落连成线,③区和④区可分离到单个菌落。

2. 连续划线分离法:常用于含菌量不多的标本或培养物中的细菌分离培养。方法是先将接种物在琼脂平板上1/5处轻轻涂抹,然后再用接种环或拭子在平板表面曲线连续划线接种,直至划满琼脂平板表面。

(二)琼脂斜面接种法

此法主要用于菌落的移种,以获得纯种进行鉴定和保存菌种等。用接种环(针)挑取单个菌落或培养物,从培养基斜面底部向上划一条直线,然后再从底部沿直线向上曲折连续划线,直至斜面近顶端处止。生化鉴定培养基斜面接种,用接种针挑取待鉴定细菌的菌落,从斜面中央垂直刺入底部,抽出后在斜面上由下至上曲折划线接种。

(三）穿刺接种法

此法多用于半固体培养基或双糖铁、明胶等具有高层的培养基接种，半固体培养基的穿刺接种可用于观察细菌的动力。接种时用接种针挑取菌落，由培养基中央垂直刺入至距管底 0.4 cm 处，再沿穿刺线退出接种针。双糖铁等有高层及斜面之分的培养基，穿刺高层部分，退出接种针后直接划线接种斜面部分。

（四）液体培养基接种法

此法用于各种液体培养基如肉汤、蛋白胨水、糖发酵管等的接种。用接种环挑取单个菌落，倾斜液体培养管，在液面与管壁交界处研磨接种物（以试管直立后液体淹没接种物为准）。此接种法应避免接种环与液体过多接触，更不应在液体中混匀、搅拌，以免形成气溶胶，造成实验室污染。

（五）倾注平板法

本法主要用于水、饮料、牛乳等液体标本中的细菌计数。取纯培养物的稀释液或原标本 1 mL 至无菌培养皿内，再将已融化并冷却至 45～50 ℃左右的琼脂培养基 15～20 mL 倾注入该无菌培养皿内，混匀，待凝固后置 37 ℃培养，长出菌落后进行菌落计数，以求出每毫升标本中所含菌数。先数 6 个方格（每格为 1 cm^2）中菌落数，求出每格的平均菌落数，并算出平皿直径，然后按下列公式计数，求出每毫升标本中的细菌数。全平板菌落数＝每方格的平均菌落数×πr^2；每毫升标本中的细菌数＝全平板菌落数×稀释倍数。

（六）涂布接种法

本法多用于纸片扩散法药敏试验的细菌接种。将适量的菌液加到琼脂培养基表面，然后用灭菌的 L 型玻璃棒或棉拭子于不同的角度反复涂布，使接种液均匀分布于琼脂表面，然后贴上药敏纸片，或直接培养。本法经培养后细菌形成菌苔。

二、细菌的培养方法

根据不同的标本及不同的培养目的，选用不同的培养方法。通常把细菌的培养方法分为需氧培养、二氧化碳培养、微需氧培养和厌氧培养四种。

（一）需氧培养

需氧培养指需氧菌或兼性厌氧菌在有氧条件下的培养，将已接种好的平板、斜面、液体培养基等在空气中置 35 ℃孵育箱内孵育 18～24 h，无特殊要求的细菌均可生长。少数生长缓慢的细菌需要培养 3～7 d 甚至 1 个月才能生长。为使孵育箱内保持一定的湿度，可在其内放置一杯水。对培养时间较长的培养基，接种后应将试管口塞好棉塞或硅胶塞后用石蜡-凡士林封固，以防培养基干裂。

（二）二氧化碳培养

某些细菌在初次分离时，须在 5％～10％二氧化碳环境中培养才能生长。常用的培养法如下。

1. 二氧化碳培养箱法：二氧化碳孵箱能自动调节二氧化碳的含量、温度和湿度，培养物置于孵育箱内，孵育一定时间后可直接观察生长结果。

2. 烛缸培养法：取有盖磨口标本缸或玻璃干燥器，将接种好的培养基放入缸内，点燃蜡烛后放在缸内稍高于培养物的位置上，缸盖或缸口均涂以凡士林，加盖密闭。因缸内蜡烛燃烧氧气逐渐减少，数分钟后蜡烛自行熄灭，此时容器内二氧化碳含量约占 5％～10％。将缸置于 35 ℃普通孵育箱内孵育。

3. 气袋法：选用无毒透明的塑料袋，将已接种标本的培养皿放入袋内，尽量祛除袋内空气后将开口处折叠并用弹簧夹夹紧袋口，使袋呈密闭状态，折断袋内已置的二氧化碳产气管（安瓿瓶）产生二氧化碳，数分钟内就可达到需要的二氧化碳培养环境，置于 35 ℃普通孵育箱内孵育。

4. 化学法：常用碳酸氢钠-盐酸法。按每升容积称取碳酸氢钠 0.4 g 与浓盐酸 0.35 mL 比例，分别置容器内，连同容器置于玻璃缸内，盖紧密封，倾斜缸位使盐酸与碳酸氢钠接触而生成二氧化碳，置于 35 ℃孵育箱内孵育。

（三）微需氧培养

微需氧菌培养在大气中及绝对无氧环境中均不能生长，在含有5％～6％氧气、5％～10％二氧化碳和85％氮气的气体环境中才可生长，将标本接种到培养基上，置于上述气体环境中，35 ℃进行培养即可。

（四）厌氧培养

厌氧菌对氧敏感，培养过程中需造成低氧化还原电势的厌氧环境。厌氧培养常用的方法有物理法、化学法、生物法。如厌氧罐培养法、气袋法、厌氧手套箱法、需氧菌共生厌氧法等。

第三节　细菌的鉴定

一、培养特性观察

微生物在一定条件下培养形成的菌落特征，如大小、颜色、边缘、质地、形状、渗出液、可溶性色素等，具有一定的稳定性，是衡量菌种纯度和鉴定菌种类别的重要依据。菌落形态观察是指对菌株在适宜培养条件下形成的菌落特征进行观察和科学描述。

（一）固体培养基

标本或液体培养物划线接种到固体培养基表面后，单个细菌经分裂繁殖可形成一个肉眼可见的细菌集团，称为菌落（colony）。

1. 菌落的形态特征：大小（直径以毫米计算）、形状（露滴状、圆形、菜花样、不规则等）、形态（突起、扁平、凹陷等）、边缘（光滑、波形、锯齿状、卷发状等）、颜色（红色、灰白色、黑色、绿色、无色、黄色等）、表面（光滑、粗糙等）、透明度（不透明、半透明、透明等）和黏度等。根据细菌菌落表面特征不同，可将菌落分为 3 型。

（1）光滑型菌落（S 型菌落）：菌落表面光滑、湿润、边缘整齐，新分离的细菌大多呈光滑型菌落。

（2）粗糙型菌落（R 型菌落）：菌落表面粗糙、干燥，呈皱纹或颗粒状,边缘大多不整齐。R 型菌落多为 S 型细菌变异失去菌体表面多糖或蛋白质形成。R 型细菌抗原不完整,毒力和抗吞噬能力都比 S 型细菌弱。但也有少数细菌新分离的毒力株就是 R 型,如炭疽孢杆菌、结核分枝杆菌等。

(3)黏液型菌落(M 型菌落):菌落黏稠、有光泽、似水珠样,多见于厚荚膜或丰富黏液层的细菌。

2. 菌落溶血特征:菌落溶血有下列 3 种情况。

(1)α溶血:又称草绿色溶血,菌落周围培养基出现 1～2 mm 的草绿色环,为高铁血红蛋白所致。

(2)β溶血:又称完全溶血,菌落周围形成一个完全清晰透明的溶血环,是细菌产生的溶血素使红细胞完全溶解所致。

(3)γ溶血:即不溶血,菌落周围的培养基没有变化,红细胞没有溶解或缺损。

3. 色素:有些细菌产生水溶性色素,使菌落和周围的培养基出现绿色、金黄色、白色、橙色、柠檬色等颜色,产生的色素有水溶性或脂溶性。

4. 气味:某些细菌在培养基中生长繁殖后可产生特殊气味,如铜绿假单胞菌(生姜气味)、变形杆菌(巧克力烧焦的臭味)、厌氧梭菌(腐败的恶臭味)、白色假丝酵母菌(酵母味)和放线菌(泥土味)等。

(二)液体培养基

细菌在液体培养基中有三种生长现象:大多数细菌在液体培养基生长繁殖后呈均匀混浊;少数链状排列的细菌如链球菌、炭疽芽孢杆菌等则呈沉淀生长;枯草芽孢杆菌、结核分枝杆菌和铜绿假单胞菌等专性需氧菌一般呈表面生长,常形成菌膜。

(三)半固体培养基

半固体培养基主要用于细菌动力试验,有鞭毛的细菌除了沿穿刺线生长外,在穿刺线两侧也可见羽毛状或云雾状混浊生长。无鞭毛的细菌只能沿穿刺线呈明显的线状生长,穿刺线两侧的培养基仍然澄清透明,为动力试验阴性。

二、形态学观察

(一) 细菌形态分类

细菌有三种基本形态,即球形、杆形和螺旋形,分别称为球菌、杆菌和螺旋菌。

1. 球菌:呈球形或近似球形(如豆形、肾形或矛头形),直径约 1 μm。根据细菌细胞的分裂方式和分裂后菌体间是否完全分离及排列方式的不同,又分为葡萄球菌、双球菌、链球菌。

(1) 葡萄球菌:细菌细胞在多个不同平面上分裂,分裂后无规律地堆积似一串葡萄,如金黄色葡萄球菌。此外,有的球菌在两个相互垂直的平面上分裂,分裂后 4 个菌体排列成正方形,称为四联球菌。还有的球菌在 3 个相互垂直的平面上,沿上下、左右、前后方向分裂,分裂后 8 个菌体黏附成包裹状,称为八叠球菌。这两种细菌均无致病性。

(2) 双球菌:在一个平面上分裂,分裂后两个菌体成双排列,如脑膜炎奈瑟氏菌、肺炎链球菌、淋病奈瑟氏菌。

(3) 链球菌:在一个平面上分裂,分裂后的菌体粘连成链状,如溶血性链球菌。

2. 杆菌:呈杆状或球杆状。在细菌中杆菌种类最多,其长短、大小、粗细差异很大。大的杆菌如炭疽芽孢杆菌长 3~10 μm,中等的如大肠埃希氏菌长 2~3 μm,小的如布鲁氏菌长仅 0.6~1.5 μm。多数杆菌呈直杆状如炭疽芽孢杆菌,也有的呈分支状如结核分枝杆菌,还有的呈"八"字或栅栏状如白喉棒状杆菌。

3. 螺旋菌:菌体弯曲呈螺形,可分为弧菌和螺菌两类。

(1) 弧菌:菌体长 2~3 μm,只有一个弯曲,呈弧状或逗点状,如霍乱弧菌。

(2) 螺菌:菌体长 3~6 μm,有数个弯曲,如鼠咬热螺菌。

(二) 常用的染色镜检方法

1. 革兰氏染色法:是 1884 年由丹麦病理学家汉斯·克里斯蒂

安·革兰(Hans Christian Gram)所创立的。革兰氏染色法可将所有的细菌区分为革兰氏阳性菌(G＋)和革兰氏阴性菌(G－)两大类,是细菌学上最常用的鉴别染色法。

(1) 原理:该染色法之所以能将细菌分为 G＋菌和 G－菌,是由于这两类菌的细胞壁结构和成分的不同,所以细菌细胞壁的渗透性也就不同。染色前所有细胞是透明的,结晶紫着色后用碘增加染料与菌体结合。G－菌的细胞壁中含有较多易被乙醇溶解的类脂质,而且肽聚糖层较薄、交联度低,故用乙醇或丙酮脱色时溶解了类脂质,增加了细胞壁的通透性,使初染的结晶紫和碘的复合物易于渗出,结果细菌就被脱色,再经蕃红复染后就成红色。G＋菌细胞壁中肽聚糖层厚且交联度高,类脂质含量少,经脱色剂处理后反而使肽聚糖层的孔径缩小,通透性降低,因此细菌仍保留初染时的颜色。

(2) 实验器材:染色液(草酸铵结晶紫、革兰氏碘液、95％酒精、沙黄)、二甲苯、香柏油、废液缸、洗瓶、载玻片、接种杯、酒精灯、擦镜纸、显微镜等。

(3) 方法步骤:

① 以酒精擦拭玻片,在酒精灯上干燥后,用接种环挑取一环灭菌的去离子水或生理盐水到载玻片上,挑取少量纯培养物在水滴上涂抹至均匀分散,将涂片在酒精灯火焰上灭活、固定。

② 滴加结晶紫染色液 1~2 滴,染 1 分钟,用去离子水轻轻水洗。

③ 待干,滴加革兰氏碘液,作用 1 分钟,用去离子水轻轻水洗。

④ 滴洗脱色剂(95％酒精),不时摇动玻片,直至无紫色脱落为止(约 10~20s),用去离子水轻轻洗。

⑤ 待干,滴加沙黄复染液,复染 30s。用去离子水轻轻洗,待玻片干燥后镜检。

⑥ 先低倍,再高倍,最后在油镜下观察菌体颜色和形态。菌体呈紫色者为革兰氏阳性菌;呈红色者为革兰氏阴性菌。观察完毕后注意用二甲苯擦去镜头上的香柏油。

（4）注意事项：

① 革兰氏染色成败的关键是酒精脱色。如脱色过度，革兰氏阳性菌也可被脱色而染成阴性菌；如脱色时间过短，革兰氏阴性菌也会被染成革兰氏阳性菌。脱色时间的长短还受涂片厚薄及乙醇用量多少等因素的影响，难以严格规定。

② 染色过程中勿使染色液干涸。用水冲洗后，应吸去玻片上的残水，以免染色液被稀释而影响染色效果。

③ 选用幼龄的细菌。G＋菌培养 12～16 h，大肠杆菌培养24 h。若菌龄太老，由于菌体死亡或自溶常使革兰氏阳性菌转呈阴性反应。

2. 细菌芽孢染色法：芽孢是某些细菌在一定条件下于菌体内形成的休眠体，通常呈圆形或椭圆形。细菌能否形成芽孢以及芽孢的形状、位置等特征是鉴定细菌的依据之一。由于芽孢壁厚、通透性低、不易着色，当用石炭酸复红液、结晶紫等常用染料进行染色时，菌体和芽孢囊着色，而芽孢囊内的芽孢不着色或仅显很淡的颜色，游离的芽孢呈淡红或淡蓝紫色的圆或椭圆形的轮廓。为便于观察芽孢，可用芽孢染色法。

（1）原理：细菌的芽孢具有厚而致密的壁，透性低，不易着色，若用一般染色法只能使菌体着色而芽孢不着色（芽孢呈无色透明状）。芽孢染色法就是根据芽孢既难以染色而一旦染上色后又难以脱色这一特点而设计的。所有的芽孢染色法都基于同一个原则，除了用着色力强的染料外，还需要加热，以促进芽孢着色。当染芽孢时，菌体也会着色，然后水洗，芽孢染上的颜色难以渗出，而菌体会脱色。然后用对比度强的染料对菌体复染，使菌体和芽孢呈现出不同的颜色，因而能更明显地衬托出芽孢，便于观察。

（2）实验器材：染色液和试剂（石碳酸复红、碱性美蓝、5％孔雀绿水溶液、0.5％蕃红水溶液）、小试管（75 mm×10 mm）、烧杯（300 mL）、二甲苯、香柏油、滴管、载玻片、玻片搁架、试管夹、接种环、擦镜纸、镊子、显微镜、酒精灯等。

（3）方法步骤：

① 芽孢染色法

a. 染色：用芽孢菌制成涂片，干燥后加热固定，放一小块滤纸片之后滴加数滴石炭酸复红液，微加热温染 5 min，冷却后用流水冲洗，用 95% 酒精脱色 2 min，水洗，再滴加碱性美蓝复染 0.5 min，水洗，吸干后镜检。

b. 结果：菌体呈蓝色，芽孢呈红色。

② 改良的 Schaeffer-Fulton 氏染色法

a. 制备菌液：加 1～2 滴无菌水于小试管中，用接种环从斜面上挑取 2～3 环的菌体于试管中并充分打匀，制成浓稠的菌悬液。

b. 染色：加 5% 孔雀绿水溶液 2～3 滴于小试管中，用接种环搅拌使染料与菌液充分混合，将试管浸于沸水浴（烧杯），加热 10～15 min。

c. 涂片固定：用接种环从试管底部挑数环菌液于洁净的载玻片上，涂成薄膜，晾干，将涂片通过酒精灯火焰 3 次温热固定。

d. 脱色：用水洗直至流出的水中无孔雀绿颜色为止。

e. 复染：加 0.5% 蕃红水溶液染色 2～3 min 后倾去染色液，不用水洗，直接用吸水纸吸干。

f. 镜检：先低倍，再高倍，最后用油镜观察。观察完毕后注意用二甲苯擦去镜头上的香柏油。

g. 结果：芽孢呈绿色，菌体为红色。

③ Schaeffer-Fulton 氏染色法

a. 涂片固定：按常规方法将待检细菌制成一薄的涂片，待涂片晾干后在酒精灯火焰上通过 3 次温热固定。

b. 染色：加染色液。加 5% 孔雀绿水溶液于涂片上（染料以铺满涂片为度），用试管夹夹住载玻片一端，用酒精灯火焰加热至染液冒蒸汽时开始计时，约维持 15～20 min，加热过程中要随时添加染色液，切勿让标本干涸。

c. 水洗。待玻片冷却后，用水轻轻地冲洗，直至流出的水中无染色液为止。

d. 复染。用 0.5％蕃红水溶液染色 2～3 min。水洗、晾干或吸干。

e. 镜检：先低倍，再高倍，最后在油镜下观察芽孢和菌体的形态。观察完毕后注意用二甲苯擦去镜头上的香柏油。

f. 结果：芽孢呈绿色，菌体为红色。

（4）注意事项

① 供芽孢染色用的菌种应控制菌龄。

② 勿用急水流冲洗菌膜，以免细菌被水冲掉。

③ 改良法在节约染料、简化操作及提高标本质量等方面都较常规涂片法优越，可优先使用。

④ 用改良法时，欲得到好的涂片，首先要制备浓稠的菌液，其次是从小试管中取染色的菌液时，应先用接种环充分搅拌，然后再挑取菌液，否则菌体沉于管底，涂片时菌体太少。

3. 荚膜染色法：细菌的荚膜染色是一种用于观察细胞结构和形态的常用方法。

（1）原理：由于荚膜与染料间的亲和力弱，不易着色，通常采用负染色法染荚膜，即设法使菌体和背景着色而荚膜不着色，从而使荚膜在菌体周围呈一透明圈。由于荚膜的含水量在 90％以上，故染色时一般不加热固定，以免荚膜皱缩变形。

（2）实验器材：染色液和试剂（Tyler 法染色液、用滤纸过滤后的绘图墨水、复红染色液、黑素、6％葡萄糖水溶液、1％甲基紫水溶液、甲醇、20％$CuSO_4$ 水溶液、香柏油、二甲苯）、载玻片、玻片搁架、擦镜纸、显微镜、酒精灯等。

（3）方法步骤：推荐以下四种染色法，其中以湿墨水方法较简便，并且适用于各种有荚膜的细菌。如用相差显微镜检查则效果更佳。

① 负染色法

a. 制片：取洁净的载玻片一块，加蒸馏水一滴，取少量菌体放入水滴中混匀并涂布。

b. 干燥:将涂片放在空气中晾干或用电吹风冷风吹干。

c. 染色:在涂面上加复红染色液染色 2～3 min。

d. 水洗:用水洗去复红染液。

e. 干燥:将染色片放空气中晾干或用电吹风冷风吹干。

f. 涂黑素:在染色涂面左边加一小滴黑素,用一边缘光滑的载玻片轻轻接触黑素,使黑素沿玻片边缘散开,然后向右一拖,使黑素在染色涂面上成为一薄层,并迅速风干。

g. 镜检:先低倍镜,再高倍镜观察。观察完毕后注意用二甲苯擦去镜头上的香柏油。

h. 结果:背景灰色,菌体红色,荚膜无色透明。

② 湿墨水法

a. 制菌液:加 1 滴墨水于洁净的载玻片上,挑少量菌体与其充分混合均匀。

b. 加盖玻片:放一清洁盖玻片于混合液上,然后在盖玻片上放一张滤纸,向下轻压,吸去多余的菌液。

c. 镜检:先用低倍镜,再用高倍镜观察。观察完毕后注意用二甲苯擦去镜头上的香柏油。

d. 结果:背景灰色,菌体较暗,在其周围呈现一明亮的透明圈即为荚膜。

③ 干墨水法

a. 制菌液:加 1 滴 6％葡萄糖水溶液于洁净载玻片一端,挑少量菌体与其充分混合,再用接种环加 1 环墨水,充分混匀。

b. 制片:左手执玻片,右手另拿一边缘光滑的载玻片,将载玻片的一边与菌液接触,使菌液沿玻片接触处散开,然后以 30°角,迅速而均匀地将菌液拉向玻片的一端,使菌液铺成一薄膜,在空气中自然干燥。

c. 固定:用甲醇浸没涂片,固定 1 min,立即倾去甲醇,在酒精灯上方文火干燥。

d. 染色:用 1‰甲基紫水溶液染 1～2 min。

e. 水洗:用自来水轻洗,自然干燥。

f. 镜检:先用低倍镜,再高倍镜观察。观察完毕后注意用二甲苯擦去镜头上的香柏油。

g. 结果:背景灰色,菌体紫色,荚膜呈一清晰透明圈。

④ Tyler 法

a. 涂片:按常规法涂片,可多挑些菌体与水充分混合,并将黏稠的菌液尽量涂开,但涂布的面积不宜过大。

b. 干燥:在空气中自然干燥。

c. 染色:用 Tyler 法染色液染 5～7 min。

d. 脱色:用 20%$CuSO_4$ 水溶液洗去结晶紫,脱色要适度(冲洗 2 遍)。用吸水纸吸干,并立即加 1～2 滴香柏油于涂片处,以防止 $CuSO_4$ 结晶的形成。

e. 镜检:先用低倍镜,再用高倍镜观察。观察完毕后注意用二甲苯擦去镜头上的香柏油。

f. 结果:背景蓝紫色,菌体紫色,荚膜无色或浅紫色。

(4) 注意事项:

① 加盖玻片时不可有气泡,否则会影响观察。

② 应用干墨水法时,涂片要放在火焰较高处并用文火干燥,不可使玻片发热。

③ 在采用 Tyler 法染色时,标本经染色后不可用水洗,必须用 20%$CuSO_4$ 冲洗。

三、生化特性观察

各种细菌所具有的酶系统不尽相同,对营养基质的分解能力也不一样,因而代谢产物或多或少地各有区别,可供鉴别细菌之用。用生化试验的方法检测细菌对各种基质的代谢作用及其代谢产物,从而鉴别细菌的种属,称之为细菌的生化反应。

(一) 糖(醇、苷)类发酵试验

1. 原理:不同种类细菌含有发酵不同糖(醇、苷)类的酶,因而对各种糖(醇、苷)类的代谢能力也有所不同,即使能分解某种糖(醇、苷)类,其代谢产物可因菌种而异。检查细菌对培养基中所含糖(醇、苷)降解后产酸或产酸、产气的能力,可用以鉴定细菌种类。

2. 方法:在基础培养基(如 pH7.4 的酚红肉汤基础培养基)中加入 0.5%～1.0%(w/v)的特定糖(醇、苷)类。所使用的糖(醇、苷)类有很多种,根据不同需要可选择单糖、多糖或低聚糖、多元醇和环醇等。将待检菌的纯培养物接种到试验培养基中,置 35 ℃孵育箱内孵育数小时到两周(视方法及菌种而定)后,观察结果。若用微量发酵管,或要求培养时间较长时,应注意保持其周围的湿度,以免培养基干燥。

3. 结果:能分解糖(醇、苷)产酸的细菌,培养基中的指示剂呈酸性反应(如酚红变为黄色),产气的细菌可在小倒管(Durham 小管)中产生气泡,固体培养基则产生裂隙。不分解糖则无变化。

4. 应用:糖(醇、苷)类发酵试验,是鉴定细菌的生化反应试验中最主要的试验,不同细菌可发酵不同的糖(醇、苷)类,如沙门菌可发酵葡萄糖,但不能发酵乳糖,大肠埃希氏菌则可发酵葡萄糖和乳糖。即便是两种细菌均可发酵同一种糖类,其发酵结果也不尽相同,如志贺菌和大肠埃希氏菌均可发酵葡萄糖,但前者仅产酸,而后者则产酸、产气,故可利用此试验鉴别细菌。

(二) 葡萄糖代谢类型鉴别试验

1. 原理:细菌在分解葡萄糖的过程中,必须有分子氧参加的,称为氧化型;能进行无氧降解的称为发酵型;不分解葡萄糖的细菌称为产碱型。发酵型细菌无论在有氧或无氧环境中都能分解葡萄糖,而氧化型细菌在无氧环境中则不能分解葡萄糖。本试验又称氧化发酵(O/F 或 Hugh-Leifson,HL)试验,可用于区别细菌的代谢类型。

2. 方法:挑取待检菌纯培养物(不要从选择性平板中挑取)接种 2 支 HL 培养管,在其中一管加入高度至少为 0.5 cm 的无菌液体石蜡以隔绝空气(作为密封管),另一管不加(作为开放管)。置 35 ℃孵育箱孵育 48 h 以上。

3. 结果：两管培养基均不产酸（颜色不变）为阴性；两管都产酸（变黄）为发酵型；加液体石蜡管不产酸，不加液体石蜡管产酸为氧化型。

4. 应用：主要用于肠杆菌科与其他非发酵菌的鉴别。肠杆菌科、弧菌科细菌为发酵型，非发酵菌为氧化型或产碱型。也可用于鉴别葡萄球菌（发酵型）与微球菌（氧化型）。

（三）甲基红（MR）试验

1. 原理：某些细菌在糖代谢过程中分解葡萄糖产生丙酮酸，丙酮酸进一步被分解为甲酸、乙酸和琥珀酸等，使培养基 pH 下降至 4.5 以下时，加入甲基红指示剂呈红色。如细菌分解葡萄糖产酸量少，或产生的酸进一步转化为其他物质（如醇、醛、酮、气体和水），培养基 pH 在 5.4 以上，加入甲基红指示剂呈橘黄色。

2. 方法：将待检菌接种于葡萄糖磷酸盐蛋白胨水中，35 ℃孵育 48～96 h 后，于 5 mL 培养基中滴加 5～6 滴甲基红指示剂，立即观察结果。

3. 结果判定：呈现红色者为阳性，橘黄色为阴性，橘红色为弱阳性。

4. 应用：常用于肠杆菌科内某些种属的鉴别，如大肠埃希氏菌和产气肠杆菌，前者为阳性，后者为阴性。肠杆菌属和哈夫尼亚菌属为阴性，而沙门菌属、志贺菌属、枸橼酸杆菌属和变形杆菌属等为阳性。

（四）β-半乳糖苷酶试验

1. 原理：乳糖发酵过程中需要乳糖通透酶和 β-半乳糖苷酶同时存在才能快速分解，但有些细菌没有乳糖通透酶，只有半乳糖苷酶，就会导致迟缓发酵。但不论是乳糖快速发酵还是迟缓发酵的细菌，只要能产生 β-半乳糖苷酶，就可水解邻硝基酚 β-D-半乳糖苷（O-nitrophenyl-β-D-galactopyranoside，ONPG）而生成半乳糖和黄色的邻硝基酚，培养液会变成黄色。用于枸橼酸菌属、亚利桑那菌属与沙门菌属的鉴别。

2. 方法:将待检菌接种于 ONPG 肉汤中,35 ℃水浴或孵育箱孵育 18~24 h,观察结果。

3. 结果:呈现亮黄色为阳性,无色为阴性。

4. 应用:可用于迟缓发酵乳糖细菌的快速鉴定,本法对于迅速及迟缓分解乳糖的细菌均可短时间内呈现阳性。埃希氏菌属、枸橼酸杆菌属、沙雷菌属和肠杆菌属等均为试验阳性,而沙门菌属、变形杆菌属等为阴性。

（五）VP 试验

1. 原理:测定细菌产生乙酰甲基甲醇的能力。某些细菌如产气肠杆菌,分解葡萄糖产生丙酮酸,丙酮酸进一步脱羧形成乙酰甲基甲醇。在碱性条件下,乙酰甲基甲醇被氧化成二乙酰,进而与培养基中的精氨酸等含胍基的物质结合形成红色化合物,即 VP 试验阳性。

2. 方法:将待检菌接种于葡萄糖磷酸盐蛋白胨水中,35 ℃孵育 24~48 h,加入 50 g/L α-萘酚(95%乙醇溶液)0. 6 mL,轻轻振摇试管,然后加 0. 2 mL 400 g/L KOH,轻轻振摇试管 30s~1 min,然后静置观察结果。

3. 结果:红色者为阳性,黄色或类似铜色为阴性。

4. 应用:主要用于大肠埃希氏菌和产气肠杆菌的鉴别。本试验常与 MR 试验一起使用,一般情况下,前者为阳性的细菌,后者常为阴性,反之亦然。但肠杆菌科细菌不一定都这样规律,如蜂房哈夫尼亚菌和奇异变形杆菌的 VP 试验和 MR 试验常同为阳性。

（六）淀粉水解试验

1. 原理:产生淀粉酶的细菌能将淀粉水解为糖类,在培养基上滴加碘液时,可在菌落周围出现透明区。

2. 方法:将被检菌划线接种于淀粉琼脂平板或试管中,35 ℃孵育 18~24 h,加入革兰氏碘液数滴,立即观察结果。

3. 结果:阳性反应,菌落周围有无色透明区,其他地方蓝色;阴性反应,培养基全部为蓝色。

4. 应用:用于白喉棒状杆菌生物型的分型,重型淀粉水解试验阳性,轻、中型阴性;还用于芽孢杆菌属菌种和厌氧菌某些种的鉴定。

（七）甘油复红试验

1. 原理:甘油可被细菌分解生成丙酮酸,丙酮酸脱去羧基为乙醛,乙醛与无色的复红生成醌式化合物,呈深紫红色。

2. 方法:取待检菌接种于甘油复红肉汤培养基中,于 35 ℃孵育,观察 2～8 d。应同时做阴性对照。

3. 结果:紫红色为阳性,与对照管颜色相同为阴性。

4. 应用:主要用于沙门菌属内各菌种间的鉴别。伤寒沙门菌、甲(丙)型副伤寒沙门菌、猪霍乱沙门菌、孔道夫沙门菌和仙台沙门菌本试验为阴性,乙型副伤寒沙门菌结果不定,其他不常见沙门菌多数为阳性。

（八）葡萄糖酸氧化试验

1. 原理:某些细菌可氧化葡萄糖酸钾,生成 α-酮基葡萄糖酸。α-酮基葡萄糖酸是一种还原性物质,可与班氏试剂起反应,出现棕色或砖红色的氧化亚铜沉淀。

2. 方法:将待检菌接种于葡萄糖酸盐培养基中,置 35 ℃孵育 48 h,加入班氏试剂 1 mL,于水浴中煮沸 10 min 并迅速冷却,观察结果。

3. 结果:出现黄到砖红色沉淀为阳性,仍为蓝色为阴性。

4. 应用:主要用于假单胞菌的鉴定和肠杆菌科菌分群。

（九）靛基质(吲哚)试验

1. 原理:某些细菌能分解蛋白胨中的色氨酸,产生靛基质(吲哚),靛基质与对二甲基氨基苯甲醛结合,形成玫瑰色靛基质(红色化合物)。

2. 方法:将待检菌纯培养物小量接种于装有蛋白胨水培养液的试管,于 37 ℃培养 24 h 时后取约 2 mL 培养液,加入 Kovacs 氏靛基质试剂 2～3 滴,轻摇试管,呈红色为阳性,或先加少量乙醚或二甲苯,摇动试管以提取和浓缩靛基质,待其浮于培养液表面后,再沿试管壁徐缓加入 Kovacs 氏靛基质试剂数滴。

3. 结果:如有靛基质存在,乙醚层呈现玫瑰红色,此为靛基质试验阳性反应,否则为阴性反应。实验证明靛基质试剂可与 17 种不同的靛基质化合物作用而产生阳性反应,若先用二甲苯或乙醚等进行提取,再加试剂,则只有靛基质或 5-甲基靛基质在溶剂中呈现红色,因而结果更为可靠。

4. 应用:可用于肠道杆菌的鉴定。

（十）氨基酸脱羧酶试验

1. 原理:具有氨基酸脱羧酶的细菌,能分解氨基酸使其脱羧生成胺(赖氨酸→尸胺,鸟氨酸→腐胺,精氨酸→精胺)和二氧化碳,使培养基变碱,从而指示剂显示出来。

2. 方法:将待检菌分别接种于赖氨酸(或鸟氨酸或精氨酸)培养基和氨基酸对照培养基中,并加入无菌液体石蜡或矿物油,于 35 ℃培养 1~4 d,每日观察结果。

3. 结果:对照管应呈黄色,测定管呈紫色(指示剂为溴甲酚紫)为阳性,对照管和测定管均呈黄色为阴性。若对照管呈现紫色则试验无意义,不能作出判断。

4. 应用:主要用于肠杆菌科细菌的鉴定。如沙门菌属中除伤寒和鸡沙门菌外,其余沙门菌的赖氨酸和鸟氨酸脱羧酶均为阳性。志贺菌属除宋内和鲍氏志贺菌外,其他志贺菌均为阴性。

（十一）硫化氢试验

1. 原理:细菌分解培养基中的含硫氨基酸(如胱氨酸、半胱氨酸)产生硫化氢,硫化氢遇铅或铁离子生成黑色硫化物。

2. 方法:将待检菌培养物接种于醋酸铅培养基或克氏铁琼脂等培养基,35 ℃孵育 1~2 d,观察结果。

3. 结果:黑色为阳性,与对照管颜色相同为阴性。如用克氏铁琼脂等培养基,则可有硫代硫酸钠、硫酸钠或亚硫酸钠还原产生硫化氢,阳性时可与二价铁生成黑色的硫化氢,阴性不产生黑色沉淀。

4. 应用:可用于肠杆菌科中沙门菌属、爱德华菌属、亚利桑那菌属、枸橼酸杆菌属和变形杆菌属等细菌的鉴定。

（十二）柠檬酸盐利用试验

1. 原理:某些细菌能分解柠檬酸钠产生碳酸盐,使培养基由中性变为碱性,从而使指示剂变色。

2. 方法:将待检菌接种于柠檬酸盐培养基斜面上,于 37 ℃培养 1~4 d,每日观察结果。

3. 结果:培养基斜面上有细菌生长,而且培养基变成蓝色为阳性;无细菌生长,培养基颜色不变保持绿色为阴性。

4. 应用:用于测定细菌利用柠檬酸盐作为唯一碳源的能力。

(十三) 三糖铁琼脂试验

1. 原理:三糖铁琼脂培养基含有乳糖、蔗糖和葡萄糖的比例为 10∶10∶1,只能利用葡萄糖的细菌,葡萄糖被分解产酸可使斜面先变黄,但因量少,生成的少量酸因接触空气而氧化,加之细菌利用培养基中含氮物质生成碱性产物,故使斜面后来又变红,底部由于是在厌氧状态下,酸类不被氧化,所以仍保持黄色。而发酵乳糖的细菌,则产生大量的酸,使整个培养基呈现黄色。如培养基接种后产生黑色沉淀,是因为某些细菌能分解含硫氨基酸,生成硫化氢,硫化氢和培养基中的铁盐反应,生成黑色的硫化亚铁沉淀。

2. 方法:以接种针挑取待检菌菌落或纯培养物,先穿刺接种到三糖铁琼脂深层,距管底 3~5 mm 为止,再从原路退回,在斜面上自下而上划线,置 37 ℃培养 18~24 h,观察结果。

3. 结果:① 斜面红色/底层红色:不能发酵葡萄糖、乳糖及蔗糖,是非发酵菌的特征,如铜绿假单胞菌。② 斜面红色/底层黄色:发酵葡萄糖但不发酵乳糖和蔗糖,是不发酵乳糖菌的特征,如志贺氏菌。③ 斜面红色/底层黄色(部分区域黑色):发酵葡萄糖但不发酵乳糖和蔗糖,同时产生硫化氢(H_2S),是产硫化氢且不发酵乳糖菌的特征,如沙门氏菌、亚利桑那菌、枸橼酸杆菌和变形杆菌等。④ 斜面黄色/底层黄色:发酵葡萄糖、乳糖及蔗糖,是发酵乳糖的大肠菌群的特征,如大肠杆菌、克雷伯菌属和肠杆菌属等。

4. 应用:用于观察细菌对糖的利用和硫化氢(变黑)的产生,主要是用来鉴别沙门氏与志贺氏菌属等肠道杆菌。

(十四) 氧化酶试验

1. 原理:氧化酶(细胞色素氧化酶)是细胞色素呼吸酶系统的最

终呼吸酶。

2. 方法：常用方法有三种。

（1）菌落法：直接滴加 1％盐酸四甲基对苯二胺或 1％盐酸二甲基对苯二胺于被检菌菌落上。

（2）滤纸法：取洁净滤纸一小块，蘸取菌少许，然后加 1％盐酸四甲基对苯二胺或 1％盐酸二甲基对苯二胺。

（3）试剂纸片法：将滤纸片浸泡于 1％盐酸四甲基对苯二胺或 1％盐酸二甲基对苯二胺中制成试剂纸片，取菌涂于试剂纸片上。

3. 结果：细菌在与试剂接触 10s 内呈深紫色，为阳性；否则为阴性。为保证结果的准确性，分别以铜绿假单胞菌和大肠埃希氏菌作为阳性和阴性对照。

4. 应用：主要用于肠杆菌科细菌与假单胞菌的鉴别，前者为阴性，后者为阳性。奈瑟菌属、莫拉菌属细菌也呈阳性反应。

（十五）API 试剂条的使用

API 试剂条是集高品质与易用性于一体的标准化、小型化生化测试鉴定条，需配合全面的鉴定数据库使用。API 鉴定试剂条是实验室独立进行细菌鉴定的一种较好选择，其主要优点是数据库够大，结果相对更为准确。

1. API 试剂条的选条标准：根据 API 系统选条标准，选择适合的 API 试剂条来鉴别。如革兰氏阳性球菌触酶试验阳性为葡萄球菌，用 API STAPH 鉴别；触酶试验阴性为链球菌，用 API 20 STREP 鉴别。

2. API 试剂条的操作步骤

（1）分离单个菌落：用一次性无菌接种环或已灭菌棉签挑单个可疑菌落，尽量避免使用高度选择性培养基。

（2）制菌悬液：将挑取的单个菌落置于含生理盐水或悬浮培养基 5 mL 的安瓿瓶，混匀并测定菌悬液浊度。

（3）接种试剂条：将 5 mL 无菌水放入培养盒以提供湿润的培养环境，同时放入试纸条，将菌液接种到小孔、小管或小杯（CIT，VP 和 GEL），利用石蜡油覆盖指定的生化孔（有划线的孔 ADH ，ODC，

H2S 和 URE),盖上培养盖。

(4) 培养:把试纸条放进培养箱内,按指定温度及时间进行培养(如 API 20E:35～37 ℃,18～24 h)。

(5) 附加试剂加入:培养结束后,按操作说明书,将附加试剂加进相应小孔内。

3. 结果分析:登录 API WEB,试纸条上每 3 个小孔(小管)作为一组,记分分别为 1 分、2 分、4 分,将试纸条的显色情况进行输入,进行结果对比判读。

4. 结果判读原理:生化结果组合跟资料库内的典型条目(Taxa)作出比较,经计算后,鉴定百比率(%Id)=机会率,指示出不同菌类的比较,T 值(T index)指示出在同一个菌类的相似程度。依据 T 值及%Id 的组合,作出评语:① 极好的鉴定结果:%Id＞99.9 及 T＞0.75;② 很好的鉴定结果:%Id＞99.0 及 T＞0.50;③ 好的鉴定结果:%Id＞90.0 及 T＞0.25;④ 可以接受的鉴定结果:%Id＞80.0 及 T＞0。否则为可疑的生化谱:其中一个生化反应出现严重违反典型生化结果。

四、分子生物学鉴定

细菌中包括有三种核糖体 RNA,分别为 5S rRNA、16S rRNA、23S rRNA。5S rRNA 虽易分析,但核苷酸太少,没有足够的遗传信息用于分类研究;23S rRNA 含有的核酸数几乎是 16S rRNA 的两倍,分析较困难。而 16S rRNA 相对分子量适中,又具有保守性和存在的普遍性等特点,序列变化与进化距离相适应,序列分析的重现性极高,因此现在一般普遍采用 16S rRNA 作为序列分析对象对微生物进行测序分析。

16S rRNA 对应于基因组 DNA 上的一段基因序列称为 16S rDNA,rRNA 基因由保守区和可变区组成。在细菌的 16S rDNA 中有多个区段保守性,根据这些保守区可以设计出细菌通用物,可以扩增出所有细菌的 16S rDNA 片段,并且这些引物仅对细菌是特异性的,也就是说这些引物不会与非细菌的 DNA 互补，而细菌的 16S rDNA 可变区的差异可以用来区分不同的菌。因此，16S rDNA 可以作为细菌群落结构分析最常用的系统进化标记分子。随着基因测序技术的发展，越来越多的微生物的 16S rDNA 序列被测定并收入国际基因数据库中，只要将基因序列放入基因数据库进行对比，便可快速的鉴定所测定的细菌种属，这样用 16S rDNA 作目的序列进行微生物群落结构分析更为快捷方便。

　　细菌 16S rDNA 菌种鉴定：提取 DNA，特定引物 PCR 扩增（详见第九章），PCR 产物纯化测序，进化树分析；真菌 18S rDNA/ITS 菌种鉴定流程也是一样的。也可选择有资质的第三方实验室送检。

第五章　血清学检测

第一节　凝集试验

当颗粒性抗原与其相应抗血清混合时,在有一定浓度的电解质环境中,抗原凝集成大小不等的凝集块,叫做凝集反应。通常,细菌和红细胞等颗粒性抗原在悬液中带弱负电荷,周围吸引一层与之牢固结合的正离子,外面又排列一层松散的负离子层,构成一个双离子层,使颗粒相互排斥。当特异抗体与相应抗原颗粒互补结合时,抗体的交联作用克服了抗原颗粒表面的电位,而使颗粒聚集在一起。

凝集试验的发生分两阶段:① 抗原抗体的特异结合;② 在电解质的参与下,出现可见的凝集颗粒。

凝集试验通常分两大类:直接凝集试验和间接凝集试验。间接凝集试验又分为乳胶凝集试验、间接血凝试验和碳素凝集试验,协同凝集试验和抗球蛋白试验是两种特殊的凝集反应。

一、直接凝集试验

细菌或细胞等颗粒性抗原与相应抗体直接反应,出现的凝集现象,称为直接凝集试验(图 5-1)。主要有玻片法和试管法。

图 5-1　直接凝集试验

（一）玻片法反应

玻片法为定性试验,可用于分离细菌的快速鉴定。一般用已知抗体作为诊断血清,与受检颗粒抗原各加 1 滴在玻片上混匀,数分钟后即可用肉眼观察凝集结果,出现颗粒凝集的为阳性反应。此法简便、快速,适用于从病料标本中分离得到的菌种的诊断或分型,主要用于沙门氏菌、大肠杆菌属的鉴定。

具体操作方法如下:

（1）取干燥洁净的载玻片,用记号笔分为两格,编号为①、②。也可用专门的凝集板。

（2）用尖嘴滴管吸取生理盐水,在①号格中央放 1 滴。另取 1 支尖嘴滴管吸取已适当稀释的诊断血清,在②号格中央放 1 滴。

（3）再取 1 支尖嘴吸管吸取待测菌株悬液,分别在①、②号格内各加 1 滴。

（4）用手轻轻摇动玻片,使未知菌液与生理盐水或已知抗血清混合,放置数分钟后,肉眼观察结果。

（5）结果判断。对照生理盐水加菌液呈均匀浑浊状,如某抗血清加菌液也呈均匀浑浊状,则为阴性,说明该未知菌不属此抗血清的相应菌株;如某抗血清加菌液出现颗粒状或絮状凝集,凝集块周围变清,则为阳性,说明该未知菌是与此抗血清相应的菌株或部分组分相同的菌株。

（二）试管法反应

试管法是一种定量试验,不仅能用于未知抗原(如细菌)或抗体的鉴定,还可用于抗体效价的测定。在微生物学检验中常用已知细菌作为抗原液与一系列梯度倍比稀释的待检血清混合,保温后观察每管内抗原凝集程度,以判断待检血清中有无相应抗体及其效价,通常以产生明显凝集现象的最高稀释度作为血清中抗体的效价,也称为滴度。在试验中,由于电解质浓度和 pH 值不当等原因,可能引起抗原的非特异性凝集,出现假阳性反应,因此必须设不加抗体的稀释液作对照组。

具体操作方法如下：

（1）取 10 支干净小试管放在试管架上，自左向右依次编号为 1～10。

（2）于第 1 管加入 0.9 mL 生理盐水，其他各管分别加入 0.5 mL 生理盐水。

（3）抗体稀释。用吸管取 0.1 mL 待检血清放入第 1 管，混匀后，吸出 0.5 mL，移入第 2 管……依次类推，按二倍稀释法将待检血清稀释到第 8 管（注意每一稀释度需换 1 支无菌吸管），并从第 8 管吸出 0.5 mL 弃去。如此第 1～8 管待检血清的稀释度分别为 1∶10、1∶20、1∶40、1∶80、1∶160、1∶320、1∶640、1∶1280。在第 9 支试管中加入 0.5 mL 经适当稀释的诊断血清（阳性血清），作为阳性对照。在第 10 支试管中加入 0.5 mL 生理盐水作为阴性对照管。

（4）加抗原。分别向上述 10 支试管内加入 0.5 mL 已知菌液。轻轻摇动使其混匀，此时各管血清又稀释了 2 倍，第 1～8 管待检血清的稀释度分别为 1∶20、1∶40、1∶80、1∶160、1∶320、1∶640、1∶1280、1∶2560。

（5）孵育。将试管置 37 ℃孵育 18～24 h。

（6）结果判定。

① 观察时切勿摇动试管，以免凝集块分散。

② 先看对照管，阳性对照管（第 9 管）至少出现 50％凝集，阴性对照管（第 10 管）无凝集时，试验成立。

③ 试验管应自第 1 管看起，如有凝集，则于管底有不同大小的圆片状边缘不整齐的凝集物，上清液则澄清透明或不同程度混浊。凝集的强弱可用"＋"号表示如下："＋＋＋＋"100％凝集，管内液体完全澄清，凝集块完全沉于管底；"＋＋＋"75％凝集，管内液体不完全澄清稍有轻度混浊，凝集块沉于管底；"＋＋"50％凝集，液体半澄清，凝集块沉于管底；"＋"25％凝集，液体浑浊，很少凝集块沉于管底；"－"无凝集，液体浑浊，无凝集块沉于管底。

④ 记录观察的结果并制定凝集效价。通常以能产生 50％凝集

（十十）的血清最大稀释倍数作为该血清的凝集效价。如血清的最低稀释度（即第 1 管 1：20）仍无凝集，应报告为低于 1：20。如血清的最高稀释度（即第 8 管 1：2560）仍显示完全凝集现象，应报告该血清效价高于 1：2560。

二、间接凝集试验

将可溶性抗原（或抗体）先吸附于一种与免疫无关的、一定大小的颗粒状载体的表面，然后与相应抗体（或抗原）在适宜条件下相互作用，经一定时间出现肉眼可见的凝集现象，称为间接凝集反应（图 5-2）。如将抗原吸附于载体微粒表面检测抗体，称为正向间接凝集试验；如将抗体吸附于载体微粒表面以检测抗原，则称为反向间接凝集试验。实验室常用的载体有动物（绵羊、家兔等）红细胞、胶乳颗粒、活性炭等，其中以红细胞为载体的间接凝集试验称为间接血凝试验，以胶乳为载体的间接凝集试验称为乳胶凝集试验，以活性炭为载体的间接凝集试验称为碳素凝集试验。

间接凝集试验具有快速、简单、特异性强、敏感度较高等优点，适用于临床病原的检验。

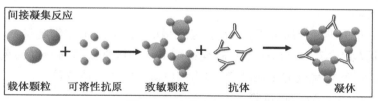

图 5-2　间接凝集反应

（一）间接血凝试验

间接血凝试验是根据红细胞表面的吸附作用而建立起来的。将细菌可溶性抗原提出使之吸附于红细胞表面，此时红细胞即称为"致敏红细胞"。这种致敏的红细胞具有细菌的抗原性，与相应的抗血清相遇可产生凝集现象。

间接血凝抗原的制备可用加碱或加热的方法使菌体中的多糖物

质浸出,去除类脂以免干扰红细胞的吸附作用。但如系蛋白质则用来吸附的红细胞需先用鞣酸处理。下面以伤寒杆菌间接血凝试验为例介绍具体操作方法。

1. 试剂材料:伤寒杆菌 O 抗原、伤寒杆菌 O 901 免疫兔血清、25%绵羊红细胞悬液、生理盐水、试管吸管等。

2. 操作方法

(1) "O"抗原的制备。将每毫升 100 亿的伤寒杆菌"O"菌悬液,置 100 ℃水浴中 2 小时,离心沉淀吸取上清液,分装无菌试管,放 4℃冰箱备用。

(2) 致敏红细胞悬液制备。取一定稀释度的抗原加等量 2.5%绵羊红细胞悬液,混合后放 37 ℃水浴箱中,每隔 15 min 取出振摇一次,2 h 后取出,用生理盐水洗涤 3 次,配制成 0.5%悬液。

(3) 取小试管 9 只标好号码 1~9 于试管架上。

(4) 第 1 管加入 0.9 mL 生理盐水,其余各管各加入 0.5 mL。

(5) 以吸管吸取已加热灭菌的免疫血清 0.1 mL 加入第 1 管,混匀后吸取 0.5 mL 注入第 2 管,……依次类推,按二倍稀释法将待检血清稀释到第 8 管。自第 8 管吸出 0.5 mL 弃去。第 9 管不加血清作对照。

(6) 于每管加入 0.5 mL 已经致敏的 0.5%绵羊红细胞悬液,混匀后放入 37 ℃水浴中 2 h 后观察结果。凡最高血清稀释度的免疫血清试管中呈现完全血凝者,即为该血清的间接血清效价。

(二)乳胶凝集试验

乳胶凝集试验要先将受检样本滴于反应板上,再添加一滴致敏的乳胶,之后连续摇动 2~3 min 观察结果,如果出现乳胶凝集就是阳性,如果乳胶不凝集就是阴性。在对受检样本进行检测时,必须同时做阴性和阳性对照,以确保不会出现假阳性或假阴性。乳胶凝集试验在临床上目前主要用于检测新型隐球菌的感染的情况。乳胶是一种人工合成的载体,它的均一性和稳定性都比较好,但乳胶凝集试验的敏感度不如血凝试验。

三、协同凝集试验

与间接凝集试验的原理相似,只是所用载体既非天然的红细胞,也非人工合成的聚合物颗粒,而是一种金黄色葡萄球菌。金黄色葡萄球菌的菌体细胞壁中含有 A 蛋白(SPA),SPA 具有与 IgG 的 Fc 段结合的特性。因此当这种葡萄球菌与 IgG 抗体连接时,就成为抗体致敏的颗粒载体,如与相应抗原接触即出现反向间接凝集,适用于细菌和病毒等的直接检测。下面以伤寒杆菌协同凝集试验为例介绍具体操作方法。

(一)试剂材料

伤寒杆菌 O 抗原、伤寒杆菌 O 901 免疫兔血清、CoWan1 株金黄色葡萄球菌(含大量蛋白 A)菌液、NaN_3、PBS、0.5%甲醛 PBS,吸管、滴管、载玻片等。

(二)操作步骤

1. SPA 菌稳定液的制备

(1)取 CoWan1 菌种接种于肉汤培养基,37 ℃培养 18~24 h,再转接于有营养琼脂的培养皿中,每块平皿 1 mL,使菌液均匀布满整个培养基表面,放 37 ℃温箱培养 18~20 h。

(2)每块平皿用 10 mL 灭菌 PBS 洗下菌苔,以 3000 rpm/min 离心 15 min,弃去上清液,再用灭菌 PBS 将沉淀悬浮后离心,如此反复洗涤 2 次,然后用含 0.5%甲醛的 0.01 mol/L pH7.4 的 PBS 配制成 10%(V/V)的菌悬液,室温放置过夜。

(3)将上述菌悬液置于 56 ℃水浴加热 30 min,迅速冷却,再用无菌 PBS 洗涤离心 3 次,最后用含 0.05% NaN_3 的 PBS 制成 10%(V/V)的菌悬液,4 ℃冰箱保存。

2. SPA 菌诊断液的制备

(1)取 1 mL 10% SPA 菌稳定液,离心弃上清,再用无菌 PBS 离心洗涤 2 次,最后用无菌 PBS 恢复至 1 mL,悬浮菌体,加 0.1 mL 伤寒杆菌免疫兔血清(注:血清预先放 56 ℃水浴加热 30 min,进行灭活处理)充分混合,放 37 ℃水浴中作用 30 min,其间经常振摇以保持菌体呈悬浮状态,利于菌体与 IgG 结合。

(2) 将与抗体结合后的 SPA 菌液以 3000 rpm/min 的转速离心 15 min,弃上清,沉淀菌用 PBS 洗涤 2 次,以洗去未结合的剩余血清,最终加含 0.05% NaN₃ 的 PBS 10 mL,这种菌悬液即为 1%标记的 SPA 菌诊断液。

3. 操作方法

(1) 将载玻片分成 3 格,编号为 1、2、3,于第 1、2 格分别加 1 滴 SPA 菌诊断液,第 3 格加 1 滴未致敏的 SPA 菌液。

(2) 于第 1、3 格分别加 1 滴伤寒杆菌 O 培养物,第 2 格加 1 滴生理盐水,分别用牙签混匀,2 min 内观察结果。

4. 结果判定

第 1 格内金黄色葡萄球菌凝集成清晰可见的颗粒,液体澄清,为阳性反应结果;第 2、3 格为对照,应无凝集。可根据下面标准确定凝集的强弱,"＋＋"以上凝集判断为阳性。"＋＋＋＋":很强,液体澄清透明,金黄色葡萄球菌凝集成粗大颗粒;"＋＋＋":强,液体透明,金黄色葡萄球菌凝集成较大颗粒;"＋＋":中等强度,液体稍透明,金黄色葡萄球菌凝集成小颗粒;"＋":弱,液体稍混浊,金黄色葡萄球菌凝集成可见颗粒;"－":不凝集,液体混浊,无凝集颗粒可见。

(三) 注意事项

(1) 制备好的 SPA 菌稳定液,于 4 ℃冰箱中至少可保存 8 个月,并不影响其与抗体结合的性能。

(2) 免疫血清的效价及特异性是本反应中的一个关键因素,只有良好的免疫血清,才能制备出敏感性高、特异性强的致敏葡萄球菌。

(3) SPA 与各种属 IgG 的亲和力有所不同,与猪 IgG 结合力最强,其次为狗、兔、人、猴、豚鼠、小鼠和牛;与绵羊和大鼠的 IgG 结合力较弱;而与牛犊、马、山羊和鸡 IgG 不起反应。因此制备 SPA 菌诊断液所用的免疫血清种属要选择适宜的动物。

（4）对被检标本进行煮沸处理，是消除非特异性反应的一种有效方法。

第二节 沉淀试验

可溶性抗原与相应的抗体结合后，在适量电解质存在下，形成肉眼可见的白色沉淀，称为沉淀试验。参与沉淀试验的抗原称沉淀原，抗体称沉淀素。

沉淀试验可分为液相沉淀试验和固相沉淀试验。液相沉淀试验有环状沉淀试验和絮状沉淀试验，前者应用较多；固相沉淀试验有琼脂凝胶扩散试验和免疫电泳技术。

一、环状沉淀试验

环状沉淀试验是阿斯科利（Ascoli）于 1902 年建立的，它是一种在两种液体界面上进行的试验（图 5-3），是最简单、最古老的一种沉淀试验。

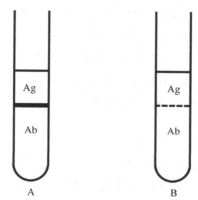

（Ag：抗原；Ab：抗体。A：有沉淀的阳性管；B：阴性管。）

图 5-3 环状沉淀试验

其方法是先将抗血清加入内径 1.5～2 mm 小玻管中，约装 1/3 高度，再用细长滴管沿管壁叠加抗原溶液。因抗血清蛋白浓度高，比重较抗原大,所以两液交界处可形成清晰的界面。此处抗原抗体反应生成的沉淀在一定时间内不下沉。一般在室温放置 10 min 至数小时,在两液交界处呈现白色环状沉淀则为阳性反应。本技术的敏感度为 3~20 $\mu g/mL$ 抗原量。环状沉淀试验中抗原、抗体溶液须澄清。

该试验主要用于鉴定微量抗原,如法医学中鉴定血迹,流行病学中检查媒介昆虫体内的微量抗原等,亦可用于鉴定细菌多糖抗原。

二、琼脂凝胶扩散试验

琼脂凝胶扩散试验(agar-gel precipitation test,AGPT,简称"琼扩试验"),是抗原抗体在琼脂凝胶中所呈现的一种沉淀反应。琼脂在实验中只起网架作用,含水量为 99%,可溶性抗原与抗体在其间可以自由扩散,若抗原与抗体相对应,比例合适,在相遇处可形成白色沉淀线。这种沉淀线是一组抗原-抗体的特异性复合物,在凝胶中可长时间保持固定位置并可经染色后干燥保存。

如果凝胶中有多种不同抗原抗体存在,便依各自扩散速度的差异,在适当部位形成独立的沉淀线,因此该试验广泛地用于抗原成分的分析。琼脂扩散试验可根据抗原抗体反应的方式和特性分为单向琼脂扩散试验、双向琼脂扩散试验。将双向琼脂扩散试验和琼脂电泳结合起来称为免疫电泳,是用于分析抗原组成的一种定性方法。

(一)单向琼脂扩散试验

单向琼脂扩散试验是一种定量试验,将抗体混合于琼脂内,倾注于载玻片或平皿上,凝固后在琼脂上打孔,再将抗原标本加入孔内,经过一定的时间,在孔的周围出现抗原-抗体复合物形成的沉淀环,环的大小与抗原含量和扩散时间相关。用不同浓度的抗原制成标准曲线,则未知标本中的抗原含量即可从标准曲线中求出。本试验主要用于检查血清中各种免疫球蛋白和补体成分的含量。

1．操作方法

（1）免疫琼脂板制备。将 1.5％琼脂加热溶化，待琼脂冷却至 56 ℃加入适量抗血清（最终稀释度取决于抗血清所标注的稀释度），混匀，制成厚 2～3 mm 的琼脂板，待琼脂凝固后打孔，孔径为 3 mm，剔去孔内琼脂，将琼脂板背面放到火焰上轻轻灼烧封底，用手背感觉微烫即可（图 5－4）。

（1～5 孔加标准抗原；6～10 孔加待检血清。）

图 5－4　单向琼脂扩散试验抗原孔位示意图

（2）稀释待检血清。用生理盐水分别稀释待检血清，并对标准抗原也做系列稀释。

（3）加样。每份检样加两孔，加满（但不要溢出），加样时枪头尖端不要划破琼脂。

（4）温育。将琼脂板置搪瓷盒，垫湿纱布或海绵以防干燥，37 ℃恒温箱 24 h，观察结果。

2．结果判读：出现沉淀环为阳性，无沉淀环为阴性。沉淀环面积与抗原浓度成正比，因此可用已知浓度抗原制成标准曲线，用于开展抗原的定量检测。

此法在兽医临床中已广泛用于传染病的诊断，如鸡马立克氏病的诊断，即用马立克氏病高免血清制成血清琼脂平板，拔取病鸡新换的羽毛数根，自毛根尖端 1 cm 处剪下插入琼脂凝胶板上，阳性者毛囊中病毒抗原向周围扩散，形成白色沉淀环。

（二）双向琼脂扩散试验

可溶性抗原（如蛋白质、多糖、脂多糖、病毒的可溶性抗原、结合蛋白等）与相应抗体在半固体琼脂凝胶内扩散，二者相遇，在比例合适处形成白色沉淀。抗原和抗体加到琼脂板上相对应的孔中，两者各自向四周扩散，如两者相对应，浓度比例合适，则经一定时间后，在抗原、抗体孔之间出现清晰致密的白色沉淀线。每一抗原与其相对应抗体只能形成一条沉淀线,若同时含有若干种相对应的抗原抗体,因其扩散速度的不同,可在琼脂中出现多条沉淀线。根据沉淀线融合情况还可鉴定两种抗原是完全相同还是部分相同。所以,可用此法来分析和鉴定标本中多种抗原或抗体成分,并用以测定抗原或抗体的效价。

1. 操作步骤

(1) 琼脂板制备。将琼脂糖 1.0 g、NaCl 8.0 g、蒸馏水或去离子水 100 mL 装入三角烧瓶,煮沸,然后用吸管吸取 20 mL 加入直径 90 mm 的平皿内,制成 3~4 mm 厚的凝胶,注意不能产生气泡。

(2) 打孔和封底。待冷却凝固后用直径 3 mm 的打孔器打孔(图 5-5),并剔去孔内琼脂,将琼脂板背面放到火焰上轻轻灼烧封底,用手背感觉微烫即可。

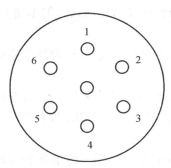

图 5-5 双向琼脂扩散试验抗原抗体孔位示意图

(3) 加样。用于检测抗原时,将已知的标准阳性血清置于中央孔,待检抗原和已知标准抗原放入周围相邻孔;用于检测抗体时,将标准抗原置于中央孔,周围 1、3、5 孔加标准阳性血清,2、4、6 孔加待检血清;检测血清中抗体效价时,中间孔加标准抗原,外周 1 孔加标准阳性血清,2、3、4、5、6 孔加不同稀释倍数的待检血清(原液、1∶2、1∶4、1∶8、1∶16)。

(4) 将加好样的琼脂板置于湿盒内,于 37 ℃温箱内放置 24~

48 h后观察结果。

2. 结果判断

在标准抗原孔与标准阳性血清之间出现白色沉淀的前提下判读。阳性:受检孔与中央孔之间形成沉淀线并与阳性对照沉淀线融合。阴性:受检孔与中央孔之间无沉淀线。

3. 结果分析

(1) 抗原特异性与沉淀线形状的关系:在相邻两完全相同的抗原与抗体反应时,则可出现两条单沉淀线的融合。反之,如相邻两抗原完全不同时,则出现沉淀线之交叉;两种抗原部分相同时,则出现沉淀线的部分融合(图5-6)。

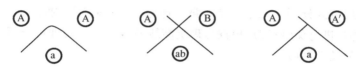

(a、b:抗体;A、A′、B:抗原;A、B:完全不同;A、A′:部分相同。)

图5-6　抗原特异性与沉淀线形状的关系

(2) 抗原浓度与沉淀线的关系:两相邻抗原浓度相同,形成对称相融合的沉淀线;如果两抗原浓度不同,则沉淀线不对称,移向低浓度的一边。

(3) 温度对沉淀线的影响:在一定范围内,温度越高,扩散越快,通常反应在0~37 ℃下进行。在双向扩散时,为了减少沉淀线变形并保持其清晰度,可在37 ℃下形成沉淀线,然后置于室温或冰箱(4 ℃)中为佳。

(4) 琼脂浓度对沉淀线形成速度的影响:一般来说,琼脂浓度越大,沉淀线出现越慢。

(5) 参加扩散的抗原与抗体间的距离对沉淀线形成的影响:抗原、抗体相距越远,沉淀线形成得越慢,所以在使用微量玻片法时,孔间距离以0.25~0.5 cm为好,距离远影响反应速度。当然孔距过远,沉淀线的密度过大,容易发生融合,影响对沉淀线数目的确定。

4. 注意事项

（1）每个孔的加样量应保持一致，既每个孔都须被加满又不会使样品溢出。

（2）打孔时注意避免产生裂缝或琼脂与平皿脱离。

三、免疫电泳

免疫电泳是免疫扩散与电泳相结合的免疫学分析技术，具有极高的分辨力。主要用于抗原组成的定性分析。免疫电泳实际上分为两个步骤：一是电泳。待测抗原在琼脂中进行区带电泳。由于不同蛋白质组分的大小、质量及所带的电荷不同，在电场的作用下，可将不同组分区分开。二是琼脂扩散。电泳后，在琼脂槽内加入相应的抗血清，进行免疫扩散，根据出现沉淀线的数量及位置即可分析抗原的组分及其性质。

（一）操作步骤

（1）琼脂反应板的制备：将载玻片置于水平台面，并将塑料条置于载玻片上面，然后取 4 mL 融化好的 1% 琼脂糖于载玻片上，待自然冷凝后取出塑料条，即成琼脂槽。最后根据需要在琼脂板上打孔，挑去孔内琼脂，孔底用加热玻棒熔封，以免漏样。

（2）加样：用微量移液器取 10 μL 待测血清准确加入孔内。

（3）电泳：用电泳仪（一般生化检验分析蛋白的电泳仪即可）电泳，选择电压一般为 3～4 V/cm，电泳时间为 1.5 h。

（4）扩散：取相应抗血清加入琼脂槽让其进行双向扩散。置湿盒内，37 ℃，24 h 后观察结果。

（5）结果观察：在琼脂槽的两边出现相对应的沉淀线。

（二）注意事项

（1）有时抗原抗体形成的沉淀线很弱，肉眼不易观察，可以染色。

（2）染色标本应在白色背景下观察，不染色标本需在斜射光的暗色背景下观察。

（3）琼脂板两端需用滤纸等物作桥，与桥内缓冲液接通，搭桥要完全紧密接触，以防电流不均发生沉淀线偏斜。

第三节　血凝与血凝抑制试验

有血凝素（hemagglutinin，HA）的病毒能凝集人或动物红细胞，称为血凝现象，血凝现象能被相应抗体抑制称为血凝抑制试验，是一种测定抗原或抗体的技术，即加入特异性抗体或特异性抗原后，使原有的血凝反应被抑制。

一、原理

血凝试验：利用病毒能选择性凝集动物红细胞及病毒浓度与红细胞凝集程度呈正相关的特性，采集敏感的动物红细胞配制成1%红细胞悬液与待测定的病毒液在微量血凝板上或试管中进行红细胞凝集试验，根据红细胞的凝集程度间接测定病毒液中的病毒浓度。

血凝抑制试验：利用病毒选择性凝集动物红细胞的能力可以被相对应的抗体抑制使其不能再凝集红细胞，而且这种抑制程度与抗体浓度呈正相关的现象来测定与该病毒相对应的抗体效价。

二、试剂配制

（一）阿氏液（Alsever's Solution）

称取葡萄糖 2.05 g、柠檬酸钠 0.8 g、柠檬酸 0.055 g、氯化钠 0.420 g，加蒸馏水至 100 mL，加热溶解后调 pH 值至 6.1，69 kPa 15 min 高压灭菌，4 ℃保存备用。

（二）1%鸡红细胞悬液

采集至少 3 只 SPF 鸡或无禽流感和新城疫等抗体的健康公鸡的血液与等体积阿氏液混合，用 pH7.2 的 0.01 mol/L PBS 洗涤 3 次，每次均以 1000 rpm/min 离心 10 min，洗涤后用 PBS 配成 1%（V/V）

红细胞悬液,4 ℃保存备用。

(三) pH 7.2,0.01 mol/L PBS 溶液

1. 配制 25×PB:称量 2.74 g Na_2HPO_4 和 0.79 g NaH_2PO_4 加蒸馏水至 100 mL。

2. 配制 1×PBS:量取 40 mL25×PB,加入 8.5 g NaCl,加蒸馏水至 1000 mL。

3. 用 NaOH 或 HCl 调 pH 至 7.2。

4. 灭菌或过滤。

5. PBS 一经使用,于 4 ℃保存不超过 3 周。

三、操作步骤

(一) 血凝(HA)试验

(1) 在 96 孔 V 型微量反应板中,每孔加 0.025 mL PBS。

(2) 第 1 孔加 0.025 mL 标准抗原或病毒液,反复吹吸 3~5 次混匀。

(3) 从第 1 孔吸取 0.025 mL 抗原或病毒液加入第 2 孔,混匀后吸取 0.025 mL 加入第 3 孔,进行二倍系列稀释至第 11 孔,从第 11 孔吸取 0.025 mL 弃去。第 12 孔为 PBS 对照孔。

(4) 每孔加 0.025 mL PBS。

(5) 每孔加入 0.025 mL 1%(V/V)鸡红细胞悬液。

表 5-1　血凝试验反应板加样表

孔号	1	2	3	4	5	6	7	8	9	10	11	对照
血凝素稀释倍数	2	4	8	16	32	64	128	256	512	1024	2048	
PBS/μL	25	25	25	25	25	25	25	25	25	25	25	25
	↘	↘	↘	↘	↘	↘	↘	↘	↘	↘	↘弃 25μL	
标准抗原/μL	25	25	25	25	25	25	25	25	25	25	25	

孔号	1	2	3	4	5	6	7	8	9	10	11	对照
PBS/μL	25	25	25	25	25	25	25	25	25	25	25	25
1％红细胞悬液/μL	25	25	25	25	25	25	25	25	25	25	25	25

（6）结果判定。轻扣反应板混合反应物，室温（约 20 ℃）静置 40 min，环境温度过高时可在 4 ℃条件下静置 60 min，当对照孔的红细胞呈显著纽扣状时判定结果。判定时，将反应板倾斜 60°，观察红细胞有无泪珠状流淌，完全无泪珠状流淌（100％凝集）的最高稀释倍数判为血凝效价。

（二）血凝抑制（HI）试验

（1）根据 HA 试验测定的效价配制 4 个血凝单位（即 4HAU）的病毒抗原。4 HAU 抗原应根据检验结果调整准确。

示例：如果血凝的终点滴度为 1：256（2^8 或 8log2），则 4HAU＝256/4＝64（即 1：64）；取 PBS 6.3mL，加抗原 0.1 mL，即通过 1：64 稀释获得 4HAU，配制的 4HAU 抗原需检查血凝效价是否准确，将配制的 4HAU 抗原进行系列稀释，使最终稀释度为 1：2、1：3、1：4、1：5、1：6 和 1：7。从每一稀释度中取 0.025 mL，加入 PBS 0.025 mL，再加入 1％鸡红细胞悬液 0.025 mL，混匀，血凝板在室温（约 20 ℃）条件下静置 40 min 或 4 ℃ 60 min，如果配制的抗原液为 4 HAU，则 1：4 稀释度将出现凝集终点；如果高于 4HAU，可能 1：5 或 1：6 为终点；如果低于 4HAU，可能 1：2 或 1：3 为终点。

（2）第 1 孔～第 11 孔加入 0.025 mL PBS，第 12 孔加入 0.05 mL PBS 作为空白对照。

（3）第 1 孔加入 0.025 mL 鸡血清；第 1 孔血清与 PBS 充分混匀后吸取 0.025 mL 加入第 2 孔，依次二倍稀释至第 10 孔，从第 10 孔吸取 0.025 mL 弃去。第 11 孔作为抗原对照。

（4）第 1 孔～第 11 孔均加入 0.025 mL 4HAU 抗原，在室温（约 20 ℃）下静置 30 min 或 4 ℃ 60 min。

（5）每孔加入 0.025 mL 1%(V/V)鸡红细胞悬液,震荡混匀,在室温(约 20 ℃)下静置 40 min 或 4 ℃ 60 min,空白对照孔(12 孔)红细胞呈显著纽扣状时判定结果。

表 5-2　血凝抑制试验反应板加样表

孔号	1	2	3	4	5	6	7	8	9	10	抗原对照	空白对照
血清稀释倍数	2	4	8	16	32	64	128	256	512	1024		
PBS/μL	25	25	25	25	25	25	25	25	25	25 弃25μl	25	50
待检血清/μL	25	25	25	25	25	25	25	25	25	25		
4HAU 抗原/μL	25	25	25	25	25	25	25	25	25	25	25	
1%红细胞悬液/μL	25	25	25	25	25	25	25	25	25	25	25	25

（6）结果判定。当抗原对照孔(第 11 孔)完全凝集,且阳性对照血清抗体效价不高于 1:4(2^2 或 2log2),阳性对照血清抗体效价与已知效价误差不超过 1 个滴度时,试验方可成立。以完全抑制 4 HAU 抗原的最高血清稀释倍数判为该血清的抗体效价。用于检测鸡血清抗体时,HI 抗体效价不高于 1:8(2^3 或 3log2)判为阴性,不低于 1:16(2^4 或 4log2)判为阳性。用于检测鸡血清抗原时,能够被某亚型禽流感稀释血清抗体抑制,HI 效价不低于 1:16(2^4 或 4log2)时判定为该亚型阳性;HI 抗体效价不高于 1:8(2^3 或 3log2)判为阴性。对于疑似 H5 亚型等抗原性可能存在较大差别的病毒,应结合其他病毒检测方法进行鉴定。

第四节　酶联免疫吸附试验

酶联免疫吸附试验（Enzyme-Linked Immunosorbent Assay, ELISA），是以免疫学反应为基础，将抗原、抗体的特异性反应与酶对底物的高效催化作用相结合起来的一种敏感性很高的分析技术。通过将抗原或抗体结合在固相载体表面，利用抗原抗体的特异性结合以及抗体或者抗原上标记的酶催化特定底物发生显色反应，从而实现目标物质的检测。当前使用的酶联免疫分析技术主要有以下四种：直接法、间接法、夹心法和竞争法。

一、直接 ELISA

将抗原固定于 ELISA 板上，然后用酶标抗体直接检测抗原。相较于其他类型的 ELISA 试验，直接 ELISA 试验步骤少，检测速度快，不需要用到二抗，避免了交叉反应，检测结果不容易出错。但是由于直接 ELISA 的抗原不是特异性固定的，样本中的靶蛋白及其他杂质蛋白都会与 ELISA 板结合，实验背景会比较高，而且直接 ELISA 每种靶蛋白都需要准备能够与其特异性结合的一抗，实验不太灵活。另外由于没有使用二抗，信号没有被放大，降低了测定的灵敏度。故该法在实际生产中很少应用，这里就不再做详细介绍。

二、间接 ELISA

（一）原理

间接 ELISA 法首先用抗原包被于固相载体，这些包被的抗原必须是可溶性的，或者是极微小的颗粒，经洗涤，加入待测抗体，经孵育洗涤后，加入酶标抗体，再经孵育洗涤后加底物显色（图5-7），底物降解的量，即为欲测抗体的量，其结果可用目测或用分光光度计定量测定，本法可用于鸡的传染病、寄生虫病以及其他疾病的血清学诊断。

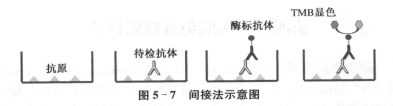

图 5 - 7　间接法示意图

（二）操作步骤

1. 抗原包被：用包被缓冲液将抗原稀释至蛋白质含量为 1～10 μg/mL。向每个 ELISA 板孔中加入 0.1 mL，4 ℃过夜孵育。

2. 洗涤：弃去孔内溶液，用洗涤缓冲液（PBST，即磷酸盐吐温缓冲液）洗 3 次，每次 3 min（该步骤以下简称洗涤，方法相同）。

3. 封闭：分别向各板孔中加入 0.1 mL 的封闭液，37 ℃孵育 1 h，洗涤。

4. 加样：分别加一定稀释倍数的待检样品 0.1 mL 和梯度稀释后的抗体标准品 0.1 mL 于上述已包被好的反应孔中，置 37 ℃孵育 1 h，洗涤（同时做空白孔、阴性对照孔及阳性对照孔）。

5. 加酶标抗体：于各反应孔中，加入 0.1 mL 新鲜稀释的酶标抗体（酶标抗体的稀释倍数需提前优化测定），37 ℃孵育 0.5～1 h，洗涤。

6. 加底物液显色：于各反应孔中加入 0.1 mL 新鲜配制的 TMB 底物溶液，37 ℃避光反应 10～20 min。

7. 终止反应：于各反应孔中加入 50 μL 的 2M 硫酸。

8. 结果判定：将 ELISA 板置于酶标仪上，于 450 nm 处读取各空的吸光度（OD 值），各孔分别减去空白对照孔的 OD 值进行调零，根据标准品制作标准曲线，再分别计算各样品的抗体含量。

三、夹心 ELISA

（一）原理

夹心 ELISA 法用于测定两层抗体（捕获抗体和检测抗体）之间的抗原（图 5 - 8）。这种形式需要使用特定于该抗原不同表位的两种

68

不同抗体。这两种抗体通常被称为匹配抗体对。其中一种抗体包被于多孔板表面上并用作捕获抗体以促进抗原的固定,另一种抗体被酶偶联并促进抗原的检测。夹心 ELISA 法省去了分析之前的样品纯化步骤,而且提高了分析灵敏度(灵敏度比直接或间接 ELISA 高2～5 倍)。

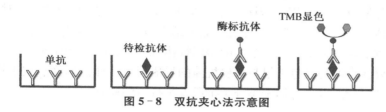

图 5-8　双抗夹心法示意图

(二) 操作步骤

1. 抗体包被:用包被缓冲液将抗体稀释至蛋白质含量为 1～10 μg/mL。向每个 ELISA 板孔中加入 0.1 mL,4 ℃过夜孵育。

2. 洗涤:弃去孔内溶液,用洗涤缓冲液洗 3 次,每次 3 min(该步骤以下简称洗涤,操作方法相同)。

3. 封闭:分别向各板孔中加入 0.1 mL 的封闭液,37 ℃孵育1 h,洗涤。

4. 加样:分别加用稀释液稀释一定倍数的待检样品 0.1 mL 和梯度稀释后的抗原标准品 0.1 mL 于上述已包被好的反应孔中,置37 ℃孵育 1 h,洗涤(同时做空白孔、阴性对照孔及阳性对照孔)。

5. 加酶标抗体:于各反应孔中,加入 0.1 mL 新鲜稀释的酶标抗体(酶标抗体的稀释倍数需提前优化测定),37 ℃孵育 0.5～1 h,洗涤。

6. 加底物液显色:于各反应孔中加入 0.1 mL 新鲜配制的 TMB底物溶液,37 ℃避光反应 10～20 min。

7. 终止反应:于各反应孔中加入 50 μL 的 2M 硫酸。

8. 结果判定:将 ELISA 板置于酶标仪上,于 450 nm 处读取各空的 OD 值,各孔分别减去空白对照孔的 OD 值进行调零,根据标准样品制作标准曲线,再分别计算各样品的抗原含量。

四、竞争 ELISA

(一) 原理

竞争 ELISA 既可用于检测抗体,也可用于检测抗原。以检测抗体为例,将抗体固定在固相载体上,首先加入待检抗体,再加入酶标抗体,则待检抗体就与酶标抗体竞争结合包被在固相载体上的抗原。通过洗涤洗掉未被竞争结合的酶标抗体,最后加底物显色(图 5-9),需要注意的是显色结果与待检抗体的量成反比。此法的优点在于快速、特异性高,且可用于小分子抗原及半抗原的检测。

图 5-9 竞争法示意图

(二) 操作步骤

1. 抗原包被:用包被缓冲液将抗原稀释至蛋白质含量为 $1\sim$ 10 μg/mL,向每个 Elisa 板孔中加入 0.1 mL,4 ℃孵育过夜。

2. 洗涤:弃去孔内溶液,用洗涤缓冲液洗 3 次,每次 3 min(该步骤以下简称"洗涤",操作方法相同)。

3. 封闭:分别向各板孔中加入 0.1 mL 的封闭液,37 ℃孵育 1 h,洗涤。

4. 加样:分别加用稀释液稀释一定倍数的待检样品 0.1 mL 和梯度稀释后的抗体标准品 0.1 mL 于上述已包被好的反应孔中,置 37 ℃孵育 1 小时,洗涤(同时做空白孔、阴性对照孔及阳性对照孔)。

5. 加酶标抗体:于各反应孔中,加入 0.1 mL 新鲜稀释的酶标抗体(酶标抗体的稀释倍数需提前优化测定),37 ℃孵育 0.5~1 h,洗涤。

6. 加底物液显色:于各反应孔中加入 0.1 mL 新鲜配制的 TMB

底物溶液,37 ℃避光反应 10～20 min。

7. 终止反应:于各反应孔中加入 50 μL 的 2M 硫酸。

8. 读值:将 Elisa 板置于酶标仪上,于 450 nm 处读取各空的 OD 值,各孔分别减去空白对照孔的 OD 值进行调零,根据标准品制作标准曲线,再分别计算各样品的抗体含量。

五、相关试剂的配制

（一）包被缓冲液

pH9.6 的 0.05M 碳酸盐缓冲液:Na_2CO_3 1.59 g、$NaHCO_3$ 2.93 g,加蒸馏水至 1000 mL。

（二）洗涤缓冲液

pH7.4 的 PBST:KH_2PO_4 0.2 g、$Na_2HPO_4 \cdot 12H_2O$ 2.9 g、NaCl 8.0 g、KCl 0.2 g、Tween-20 0.5 mL,加蒸馏水至 1000 mL。

（三）封闭液/稀释液

0.1 g 牛血清白蛋白（BSA）加入 100 mL 洗涤缓冲液中或 5 g 脱脂奶粉加入 100 mL 的洗涤缓冲液中。

（四）终止液

2M H_2SO_4:蒸馏水 178.3 mL,逐滴加入 21.7 mL 的浓硫酸（98%）。

（五）底物缓冲液

pH5.5 的磷酸盐-柠檬酸:25.7 mL 的 0.2M Na_2HPO_4（28.4 g/L）和 24.3 mL 的 0.1M 柠檬酸（19.2 g/L）,再加 50 mL 的蒸馏水。

（六）TMB 使用液

将 0.5 mL 的 TMB（10 mg/5 mL 无水乙醇）溶液、10 mL 的底物缓冲液（pH5.5）和 32 μL 的 0.75% H_2O_2 混合即可。

第五节　中和试验

中和试验（neutralization test）是在体外适当条件下孵育病毒与

特异性抗体的混合物,使病毒与抗体相互反应,再将混合物接种到敏感的宿主体内,然后测定残存病毒感染力的一种方法。凡是能与病毒结合,并使其失去感染力的抗体称为中和抗体,因为病毒要依赖于活的宿主系统复制增殖,因此,中和试验必须在敏感的动物体内(包括鸡胚)和培养细胞中进行。

中和试验的优点是敏感性和特异性高,中和抗体在体内存在时间长,大多数病毒的中和抗体与免疫力有直接的关系。中和试验的缺点是要使用活的宿主系统,病毒对宿主系统产生的作用需要一定的时间,因而出结果慢。病毒中和试验方法主要有交叉保护中和试验、终点法中和试验等。

一、交叉保护中和试验

交叉保护中和试验是先将实验动物进行主动免疫或被动免疫,然后以待检病毒进行攻击,根据实验动物被保护的情况,判定待检病毒的种类和型别。本法的缺点是试验周期太长,并且需要大量的实验动物。

本试验可用已知免疫血清鉴定未知病毒。其方法是:根据病毒的易感性选定实验动物(鸡胚或细胞)及接种途径。将动物分为试验组与对照组。试验组:将待检病料磨碎,加青链霉素,在 4 ℃冰箱作用 1 h 或经过滤器过滤,与已知的抗血清等量混合,置于 37 ℃作用 1 h 后接种动物。对照组:用正常血清(非免疫血清)加入稀释病料,作用后接种另一组实验动物。对照组动物发病死亡,而试验组动物不死,即证实病料中含有与已知抗血清相对应的病毒。

本试验也可用已知病毒鉴定未知血清。其方法是:采取发病后 15~30 d 的动物血清,用灭菌生理盐水稀释后,接种实验动物,24 h 后,用已知血清型的毒株分别攻毒,每只 $100LD_{50}$,同时设立不注射血清组作为攻毒对照。根据动物死亡和存活情况判断待检血清的种类和型号。

二、终点法中和试验

终点法中和试验（endpoint neutralization test）是滴定使病毒感染力减少至 50% 时，测定血清的中和效价或中和指数。有固定病毒稀释血清和固定血清稀释病毒两种方法。

（一）固定病毒稀释血清法

将已知病毒量固定而血清作倍比稀释，用于测定抗血清的中和效价。将已知毒价的病毒原液稀释成每一单位剂量含 200 半数致死量（LD_{50}）或鸡胚半数感染量（EID_{50}）、组织半数感染量（$TCID_{50}$），与等量的递进稀释的待检血清混合，置 37 ℃作用 1 h；每一稀释度接种 3～6 只（个、瓶/孔）实验动物（鸡胚、培养细胞），记录每组动物的存活数和死亡数（或细胞病变），按 Reed-Muench 法或 Karber 法计算血清的中和效价。按如下公式计算出半数保护量（PD_{50}）的对数值后，查反对数即为血清的中和效价。

1. Reed-Muench 法

PD_{50} 的对数＝高于 50% 保护率的血清稀释度的对数＋距离比×稀释系数的对数

2. Karber 法

PD_{50} 的对数＝$L+d(S-0.5)$

式中 L 为血清最低稀释度的对数；d 为组距，即稀释系数；S 为保护比值之和，即各组死亡（感染）数/试验数相加。

（二）固定血清稀释病毒法

用于血清的定性检测。将病毒原液作 10 倍递进稀释，分装两列无菌试管。第一列加等量正常血清（对照组），第二列加待检血清（中和组），混合后置 37 ℃作用 1 h，分别接种实验动物（鸡胚、培养细胞），记录每组死亡（细胞病变）数、累积死亡数和累积存活数，用 Reed-Muench 法或 Karber 法计算对照组和中和组的 LD_{50}，中和指数＝中和组 LD_{50}/对照组 LD_{50}。一般的判定标准为：待检血清的中和指数>50 为阳性，介于 10～49 为可疑，<10 为阴性。

第六节　免疫荧光技术

免疫荧光技术是标记免疫技术中发展最早的一种,是将免疫学方法(抗原抗体特异结合)与荧光标记技术结合起来研究特异蛋白抗原在细胞或组织内分布的方法。由于荧光素所发的荧光可在荧光显微镜下检出,从而可对抗原进行细胞定位。

用荧光抗体示踪或检查相应抗原的方法称荧光抗体法;用已知的荧光抗原标记物示踪或检查相应抗体的方法称荧光抗原法。这两种方法总称免疫荧光技术。

一、原理

免疫荧光技术是根据抗原抗体反应的原理,先将已知的抗原或抗体标记上荧光素,制成荧光标记物,再用这种荧光抗体(或抗原)作为分子探针检查细胞或组织内的相应抗原(或抗体)。在细胞或组织中形成的抗原-抗体复合物上含有荧光素,利用荧光显微镜观察标本,荧光素受激发光的照射而发出明亮的荧光(黄绿色或橘红色),可以看见荧光所在的细胞或组织,从而确定抗原或抗体的性质、定位,以及利用定量技术测定含量。

二、操作步骤

（一）直接法

将标记的特异性荧光抗体,直接加在抗原标本上,经一定的温度和时间的染色,用水洗去未参加反应的多余荧光抗体,室温下干燥后封片、镜检。

（二）间接法

如检查未知抗原,先用已知未标记的特异抗体(第一抗体)与抗原标本进行反应,用水洗去未反应的抗体,再用标记的抗抗体(第二抗体)与抗原标本反应,使之形成抗体-抗原-抗体复合物,再用水洗去未反应的标记抗抗体,干燥、封片后镜检。如果检查未知抗体,则表明抗原标本是已知的,待检血清为第一抗体,其他步骤的抗原检查相同。

1. 细胞准备:对单层生长细胞,在传代培养时,将细胞接种到预先放置有处理过的盖玻片的培养皿中,待细胞接近长成单层后取出盖玻片,PBS 洗 2 次。对悬浮生长细胞,取对数生长细胞,用 PBS 离心(1000 rpm/min 离心 5 min)洗涤 2 次,用细胞离心甩片机制备细胞片或直接制备细胞涂片。

2. 固定:根据需要选择适当的固定剂固定细胞。固定完毕后的细胞可置于含 NaN_3 的 PBS 中 4 ℃保存 3 个月。PBS 洗涤 3 次,每次 5 min。

3. 通透:使用交联剂(如多聚甲醛)固定后的细胞,一般需要在加入抗体孵育前,对细胞进行通透处理,以保证抗体能够到达抗原部位。选择通透剂应充分考虑抗原蛋白的性质。通透的时间一般在 5～15 min,通透后用 PBS 洗涤 3 次,每次 5 min。

4. 封闭:使用封闭液对细胞进行封闭,时间一般为 30 min。

5. 一抗结合:室温孵育 1 h 或者 4 ℃过夜。PBST 漂洗 3 次,每次冲洗 5 min。

6. 二抗结合:间接免疫荧光需要使用二抗。室温避光孵育 1 h。PBST 漂洗 3 次,每次冲洗 5 min 后再用蒸馏水漂洗 1 次。

7. 封片及检测:滴加封片剂一滴,封片,荧光显微镜检查。

8. 注意事项

(1)染完之后封片前可直接拍照,以免封片时出现问题,另外时间也不要拖太长,荧光会淬灭。

(2)注意避光,有利于延长片子的保存时间;抗淬灭剂可拿来直接封片,20 μL 即可,之后片子可保留更长时间。

(3)二抗用之前一定离心,避免其中的沉淀物在片子上呈现非特异性荧光光点,影响片子质量。

(4)整个操作在 4 ℃下进行,洗涤液中加有比常规防腐剂量高

10 倍的 NaN_3，防止一抗结合细胞膜抗原后发生交联、脱落。

（5）洗涤要充分，避免游离抗体封闭二抗与细胞膜上一抗相结合，出现假阴性。

（6）选用的细胞活性要好，否则易发生非特异性荧光染色。

三、荧光物质

（一）荧光色素

许多物质都可产生荧光现象，但并非都可用作荧光色素。只有那些能产生明显的荧光并能作为染料使用的有机化合物才能称为免疫荧光色素或荧光染料。常用的荧光色素有以下 3 种。

1. 异硫氰酸荧光素（fluorescein isothiocyanate，FITC）：为黄色或橙黄色结晶粉末，易溶于水或酒精等溶剂，分子量为 389.4，最大吸收光波长为 490～495 nm，最大发射光波长为 520～530 nm，呈现明亮的黄绿色荧光，有两种同分异结构，其中异构体 I 型在效率、稳定性、与蛋白质结合能力等方面都更好，在冷暗干燥处可保存多年，是应用最广泛的荧光素。其主要优点是：人眼对黄绿色较为敏感；通常切片标本中的绿色荧光少于红色。

2. 四乙基罗丹明（rhodamine，RIB200）：为橘红色粉末，不溶于水，易溶于酒精和丙酮。性质稳定，可长期保存。最大吸收光波长为 570 nm，最大发射光波长为 595～600 nm，呈橘红色荧光。

3. 四甲基异硫氰酸罗丹明（tetramethyl rhodamine isothiocyanate，TRITC）：最大吸引光波长为 550 nm，最大发射光波长为 620 nm，呈橙红色荧光。与 FITC 的翠绿色荧光对比鲜明，可配合用于双重标记或对比染色。

（二）其他荧光物质

1. 某些化合物本身无荧光效应，一旦经酶作用后便形成具有强荧光的物质：例如 4-甲基伞酮-β-D 半乳糖苷受 β-半乳糖苷酶的作用分解成 4-甲基伞酮，后者可发出荧光，激发光波长为 360 nm，发射光波长为 450 nm。其他还有如碱性磷酸酶的底物 4-甲基伞酮磷酸盐和辣根过氧化物酶的底物对羟基苯乙酸等。

2. 镧系螯合物：某些 3 价稀土镧系元素，如铕（Eu3）、铽（Tb3）、铈（Ce3）等的螯合物经激发后也可发射特征性的荧光，其中以 Eu3 应用最广。Eu3 螯合物的激发光波长范围宽，发射光波长范围窄，荧光衰变时间长，最适合用于分辨荧光免疫测定。

第六章　聚合酶链式反应

聚合酶链式反应（polymerase chain reaction，PCR），是一种体外扩增特定基因片段的分子生物学技术，可在试管内经数小时反应就将特定的基因片段扩增数百万倍。这种迅速获取大量单一基因片段的技术在分子生物学研究中具有举足轻重的意义，极大地推动了生命科学的研究进展。它不仅是基因分析最常用的技术，而且在基因重组与表达、结构分析和功能检测中具有重要的应用价值。

第一节　普通 PCR 试验

一、原理

普通 PCR 试验是以 DNA 为模板，使用 PCR 仪扩增目的基因，并通过琼脂糖凝胶电泳对产物进行定性分析的一种方法。通常由变性—退火—延伸三个基本反应步骤构成。

模板 DNA 的变性：模板 DNA 经加热至 94 ℃左右一定时间后，双链会解离成单链，以便它与引物结合，为下轮反应做准备。

模板 DNA 与引物的退火：模板 DNA 经加热变性成单链后，温度降至 55 ℃左右时，引物会与模板 DNA 单链的互补序列配对结合。

引物的延伸：DNA 模板-引物结合物在 Taq 酶的作用下，以 dNTP 为原料，靶序列为模板，按碱基互补配对与半保留复制原理，合成一条新的与模板 DNA 链互补的半保留复制链。

重复循环以上三个过程，就可获得更多的"半保留复制链"，而且这种新链又可成为下次循环的模板。每完成一个循环需 2～4 min，2～3 h 就能将待扩目的基因扩增放大几百万倍。

二、试剂与器材

DNA 提取试剂盒、$2\times$PCR mix、引物、DEPC-ddH$_2$O、琼脂糖、TAE 或 TBE 电泳缓冲液、$6\times$上样缓冲液(loading buffer)、核酸染料(GoldView)、Marker、移液枪、PCR 管、PCR 板、PCR 仪、电泳仪、凝胶成像系统等。

三、操作步骤

(一)设计引物

试验开始前,需要利用 NCBI 查找基因序列,并设计 PCR 引物。进入 NCBI(http://www. ncbi. nlm. nih. gov/)后,在 Search 的下拉框中选择 Nucleotide 再输入基因名称,点击 Search 即可。也可输入具体的物种名以缩小范围,获得 cDNA 序列信息。

引物设计在 cDNA 的保守区域,长度一般为 $15\sim30$ bp,常用的是 $18\sim27$ bp,引物 GC 含量要在 $40\%\sim60\%$,Tm 值最好接近 72 ℃,3′端最好避开密码子的第三位(最好为 T),而且不超过 3 个连续 G 或 C,引物自身不要形成发夹结构,引物设计完成,要 BLAST 验证。常用的引物设计软件是 Primer5.0。

(二)提取 DNA 模板

用 DNA 提取试剂盒将待检测样本的 DNA 提取出来,并进行纯化处理,制作 DNA 模板。

(三)配制体系

以 50 μL 反应体系为例,在 PCR 管中依次加入:

模板 DNA 0.1$\sim$2 μg;

上游引物(10 μmol/L)1 μL;

下游引物(10 μmol/L)1 μL;

$2\times$PCR mix 25 μL;

DEPC-ddH20 补足 50 μL。

在冰上配制,注意混匀后离心。

（四）程序设置

预变性 94 ℃ 4 min；

$$\left.\begin{array}{l}94\ ℃\ 30\ s\\55\ ℃\ 3\ s\\72\ ℃\ 60\ s\end{array}\right\}循环 30 次；$$

延伸 72 ℃ 10 min。

扩增的 PCR 产物 4 ℃保存。

（五）核酸电泳

（1）将电泳所用器具用超纯水洗净，架好梳子。

（2）用 TAE 或 TBE 电泳缓冲液配制 1‰琼脂糖凝胶，准确称取一定量的琼脂糖到锥形瓶中，按配比加入电泳缓冲液。

（3）在微波炉中加热融化后冷却至 50 ℃左右，加入适量核酸染料，充分混匀后倒入电泳槽中。

（4）室温下凝固 30 min 左右，小心拔出梳子，将凝胶放置电泳槽中，在电泳槽里加入电泳缓冲液，漫过凝胶表面即可。

（5）点样前样品准备。吸取 5 μL 样品，向其中加入 1 μL 的 6× Loading buffer 混合，用移液器将混合后的样品缓缓注入到点样孔中，孔内不要有气泡，最后一孔加 Marker，注意不要串孔。

（6）按照正负极（红正黑负），接通电源，电压 140～160 V，时间 30～40 min，可根据染料的位置判断是否终止电泳。

（六）凝胶成像

电泳结束，关闭电源，凝胶成像系统观察、拍照，对比 Marker 确定片段大小。

四、相关试剂配制

（一）电泳缓冲液

1. 50×TAE(pH8.5)：准确称取 Tris 242 g、EDTA(Na)37.2 g 于 1 L 烧杯中，加入 800 mL 去离子水，搅拌溶解，接入 57.1 mL 乙酸，充分搅拌，调 pH 值至 8.5 后定容至 1 L，室温保存。每次使用时

稀释即可。

2. 10×TBE(pH8.3):准确称取 Tris 108 g、EDTA 7.44 g、硼酸 55 g 于 1 L 的烧杯中,加 800 mL 去离子水,充分搅拌溶解,调 pH 至 8.3 后定容至 1 L,室温保存。每次使用前稀释即可。

(二)上样缓冲液

6×Loading buffer:0.25％二甲苯青,0.25％溴酚蓝,30％甘油溶于双蒸水中,4 ℃保存。

第二节 RT-PCR 试验

一、原理

RT-PCR 是反转录聚合酶链式反应(Reverse Transcription-Polymerase Chain Reaction)的简称,相较于 PCR 反应,增加了一个 RNA 的反转录过程。首先,在反转录酶作用下将一条单链 RNA (mRNA)反转录成 cDNA,以该 cDNA 第一链为模板进行 PCR 扩增合成目的片段。根据靶基因设计用于 PCR 扩增的特异性上下游引物,上游引物与 cDNA 第一链退火,在 Taq DNA 聚合酶作用下合成 cDNA 第二链。再以 cDNA 第一链和第二链为模板,用基因特异的上、下游引物通过 PCR 扩增获得大量的 cDNA。

RT-PCR 技术灵敏而且用途广泛,可用于检测细胞中基因表达水平、细胞中 RNA 病毒的含量和直接克隆特定基因的 cDNA 序列。作为模板的 RNA 可以是总 RNA、mRNA 或体外转录的 RNA 产物。但 RT-PCR 只可以定性研究,不能进行定量分析。

二、试剂与器材

RNA 提取试剂盒、5×RT Buffer、5×One-Step RT-PCR Mix、DEPC-ddH$_2$O、引物、琼脂糖、TAE 或 TBE 电泳缓冲液、6×Loading buffer、核酸染料、Marker、移液枪、PCR 管、PCR 板、PCR 仪、电泳

仪、凝胶成像系统等。

三、操作步骤

(一) 选择引物

用于反转录的引物可视试验的具体情况选择随机引物、Oligo dT 及基因特异性引物中的一种。对于短的不具有发卡结构的真核细胞 mRNA，三种都可。

1. 随机引物：适用于长的或具有发卡结构的 RNA。当特定 mRNA 由于含有使反转录酶终止的序列而难以拷贝其全长序列时，可采用随机六聚体引物这一不特异的引物来拷贝全长 mRNA。用此种方法时，体系中所有 RNA 分子全部充当了 cDNA 第一链模板，PCR 引物在扩增过程中赋予所需要的特异性。通常用此引物合成的 cDNA 中 96％来源于 rRNA。

2. Oligo dT：适用于具有 PolyA 尾巴的 RNA。这是一种仅对 mRNA 特异的方法，因绝大多数真核细胞 mRNA 具有 3′端 Poly (A＋)尾，此引物与其配对，仅 mRNA 可被转录。由于 Poly(A＋) RNA 只占总 RNA 的 1％～4％，故此种引物合成的 cDNA 比随机六聚体作为引物得到的 cDNA 在数量和复杂性方面均要小。特别适合检测多个基因的表达，这样可以节约反转录的试剂，cDNA 可以多次使用，可用于检测稀有基因是否表达、从极少量细胞中定量检测特定 mRNA 的表达水平。

3. 基因特异性引物：适用于目的序列已知的情况。最特异的反转录方法是用含目标 RNA 的互补序列的寡核苷酸作为引物，若 PCR 反应用两种特异性引物，第一条链的合成可由与 mRNA3′端最靠近的配对引物起始。用此类引物仅产生所需要的 cDNA，导致更为特异的 PCR 扩增。

(二) 提取 RNA 模板

目前市面上 RNA 提取试剂盒品牌众多，可根据需要选择合适的试剂盒进行 RNA 的提取。下面介绍一下较常用的 Trizol 法。

（1）50～100 mg 组织或(5～10)×10⁶ 个细胞，加入 1 mL Trizol 试剂。如果是组织，需要在匀浆器中匀浆几分钟，至组织完全破碎。对培养细胞来说，可用移液器上下吹打或匀浆机破碎细胞。

（2）4 ℃、12 000 rpm/min 离心 10 min，转移上清。

（3）上清室温放置 5 min，加 0.2 mL 氯仿，用手或 Votex 剧振 15 s，室温放置 2～3 min。

（4）4 ℃，12 000 rpm/min 离心 15 min，转移水相。

（5）水相中加入 0.25 mL 异丙醇及 0.25 mL 高盐沉淀液 (0.8 mol/L 的柠檬酸钠，1.2 mol/L 的 NaCL)混匀，室温放置 10 min。

（6）4 ℃，12 000 rpm/min 离心 10 min 去上清。

（7）加 1 mL 75％乙醇，Votex 混匀，4 ℃，8000 rpm/min 离心 5 min，去上清。

（8）沉淀在空气中干燥 5～10 min，用 100 μL DEPC-ddH_2O 溶解，用移液器吹打几次，放于 55 ℃水浴中 10 min 促溶。

（9）电泳及检测 OD 值，检定 RNA 的量及完整性。

（10）将提取的总 RNA 再通过 mRNA 分离试剂盒进行纯化，从而获得最大量的 mRNA。

（三）配制体系

RT-PCR 按操作方法不同，可以分为一步法和两步法。两步法 RT-PCR，逆转录和 PCR 扩增过程分为两步完成，在不同的管子中，使用不同的优化的缓冲液、反应条件以及引物设计策略完成反应。一步法 RT-PCR，逆转录与 PCR 扩增结合在一起，使逆转录酶与 DNA 聚合酶在同一管内同样缓冲液条件下完成反应。与传统两步法相比，一步法 RT-PCR 操作更简单，污染风险更小，实验结果重复性更好。下面主要介绍一步法的具体操作。

以 20 μL 反应体系为例：

RNA 模板 1～2 μg；

上游引物(10 μmol/L) 0.5 μL；

下游引物(10 μmol/L) 0.5 μL；

5×RT Buffer 4 μL；

5×One-Step RT-PCR Mix，4 μL；

DEPC-ddH$_2$O 补足 20 μL；

在冰上配制，注意混匀后离心。

（四）设置程序

反转录 50 ℃ 30 min；

预变性 94 ℃ 2 min；

94 ℃ 30 s

55 ℃ 30 s ⎬30 个循环；

72 ℃ 60 s

延伸 72 ℃ 10 min。

扩增的 RT-PCR 产物 4 ℃保存。

（五）凝胶电泳

反应结束后，取 RT-PCR 反应液（5～10 μL）进行琼脂糖凝胶电泳，确认 RT-PCR 反应产物。具体操作步骤参照上一节普通 PCR 凝胶电泳。

第三节　实时荧光定量 PCR/RT-PCR

一、原理

实时荧光定量 PCR（Real-time Quantitative PCR）是一种在 DNA 扩增反应中，以荧光化学物质检测每次循环反应后产物总量的方法。通过在 PCR 反应体系中加入荧光染料或荧光标记的特异性 TaqMan 探针，与 DNA 产物特异性结合，对 PCR 产物进行标记跟踪，实时在线监控反应过程，结合相应的软件可以对产物进行分析，最后通过标准曲线和 Ct 值对待测样品进行相对定量或荧光定量确定各个样本的本底表达量。实时荧光定量反转录 PCR（荧光 RT-PCR）亦是 RT-PCR 和荧光定量技术的组合，即结合了荧光定量技术的 RT-PCR。荧光 PCR/RT-PCR 技术可以实时监测反应过程中的基因扩增情况,具有高灵敏度和高特异性等优点,被广泛应用于基因分型、病原体检测、体外诊断等领域。

二、试剂与器材

核酸提取试剂盒、荧光 PCR/RT-PCR 试剂盒、移液枪、PCR 管、PCR 板、荧光 PCR 仪等。

三、操作步骤

（一）核酸提取

选择相应的核酸提取试剂盒对样品中的 DNA/RNA 模板进行提取。

（二）准备反应体系

包含 DNA/RNA 模板、引物、荧光探针和 PCR/RT-PCR 相关试剂等,可根据 DNA/RNA 核酸检测试剂盒（荧光 PCR/RT-PCR 法）说明书,配制反应体系。

（三）设置程序

将 PCR/RT-PCR 反应体系放入荧光 PCR 仪中,根据 DNA/RNA 核酸检测试剂盒（荧光 PCR/RT-PCR 法）说明书设置反应程序。

（四）读取结果

根据 Ct 值（C 代表 Cycle,t 代表 threshold,Ct 值的含义是每个反应管内的荧光信号到达设定的域值时所经历的循环数。）及扩增曲线读取反应结果。

四、结果分析

研究表明,每个模板的 Ct 值与该模板的起始拷贝数的对数存在线性关系,起始拷贝数越多,Ct 值越小。利用已知起始拷贝数的标准品可做出标准曲线,因此只要获得未知样品的 Ct 值,即可从标准曲线上计算出该样品的起始拷贝数。

扩增曲线:早期循环中,荧光信号几乎没有变化。随着反应的进行,每个循环的荧光水平开始显著上升,被称为指数期。一般在指数期的早期阶段而不是后期的平台期进行定量分析。在指数阶段开始时,所有的试剂仍然是过量的,DNA 聚合酶仍然高效,并且扩增产物量还较低,不会在退火时与引物竞争。这些因素都有助于更准确地定量。

相对定量:检测实验组和对照组中一个靶基因的倍数差异。如果对 RNA 模板的数量不能精确定量,或者只需要知道目的基因的表达差异时,可以使用相对定量法。

绝对定量:是用一系列已知浓度的标准品制作标准曲线,在相同的条件下目的基因测得的荧光信号量同标准曲线进行比较,从而得到目的基因的量。

第七章　寄生虫检测

第一节　蠕虫粪便检查技术

鸡的许多寄生虫,特别是蠕虫类多寄生于宿主的消化系统,虫卵或某一个发育阶段的虫体,常随宿主的粪便排出。因此,通过对粪便的检查,可发现某些寄生虫病的病原体。下面详细介绍一下粪便样品采集技术和几种常用的蠕虫粪便检查法。

一、粪便样品的采集与保存

（一）粪便样品的采集

被检粪便应该是新鲜没有被污染的,最好从直肠采取,若采集自然排出的粪便,需采取粪堆或粪球上部未被污染的部分。粪便采好后编号装入清洁的容器(小广口瓶、离心管、塑封袋等)内。采集的用具应避免相互交叉污染,每采一份,更换一次。

（二）粪便样品的保存

采取的粪便应尽快检查,不能立即检查的,应放在冷暗处或冰箱中保存。若需寄出检查或需长期保存的,可将粪便样品浸入加温至 $50 \sim 60\ ℃$ 的 $5\% \sim 10\%$ 的福尔马林液中,使粪便中的虫卵失去活力,既起固定作用,又不改变形态,还可防止微生物的繁殖。

二、粪便肉眼检查法

该方法多用于鸡绦虫病的诊断,也可用于某些肠道寄生虫病的驱虫诊断,即用药驱虫后检查随粪便排出的虫体。检查时,先检查粪便的表面看是否有大型虫体和较大的绦虫节片,然后将粪便仔细捣碎,认真进行观察。检查较小虫体或节片时,将粪便置于较大的容器中(如金属桶、玻璃缸等),加入 5~10 倍量的水(或生理盐水),彻底搅拌后静置 10 min 以上,然后倾去上层液,再重新加清水搅匀静置,如此反复数次,直至上层液体清亮为止。最后倾去上层清亮液,将少量沉淀物放在黑色浅盘(或衬以黑色纸或黑布的玻璃容器)中检查,必要时采用放大镜或实体显微镜检查,发现的虫体和节片用镊子、针或毛笔取出,以便进行鉴定。

三、直接涂片检查法

直接涂片检查法是最简单和常用的方法,但当体内寄生虫数量不多而粪便中排出的虫卵少时,不易查出虫卵。

(一) 操作步骤

(1) 在载玻片上滴 1~2 滴 50％甘油水溶液(或生理盐水、普通水),加甘油的好处是能使标本清晰,并防止过快蒸发变干。

(2) 然后用火柴梗或牙签取黄豆大小的粪便与载玻片上的水混匀。

(3) 用镊子除去较粗的粪渣,将粪液涂成薄膜。

(4) 在粪膜上覆以盖玻片,置显微镜下检查。

(5) 先用低倍镜检查,发现虫卵、卵囊后换高倍镜检查,检查时应有顺序地查遍盖玻片下的所有部分。

(二) 注意事项

(1) 涂片的厚薄以在载玻片的下面垫上有字的纸、纸上的字迹隐约可见为宜。

(2) 该法简便、易行、快速,适合于虫卵量大的粪便检查,但对虫卵含量低的粪便检出率低,故此法每个样品必须检查 3~5 片。

(3) 检查虫卵时,先用低倍镜顺序观察盖玻片下所有部分,发现疑似虫卵物时,再用高倍镜仔细观察。因一般虫卵(特别是线虫卵)色彩较淡,镜检时视野宜稍暗一些(聚光器下移)。

四、漂浮检查法

该方法是利用比重比虫卵大的溶液稀释粪便,将粪便中比重小的虫卵浮集于液体表面。常用饱和盐水做漂浮液,用以检查线虫和绦虫虫卵。

（一）操作步骤

（1）漂浮液的制备。将食盐加入沸水中,直至不再溶解生成沉淀为止（1000 mL 水中约加食盐 400 g）,用四层纱布或脱脂棉滤过后,冷却备用。

（2）取粪便 10 g 加饱和盐水 100 mL,用玻棒搅拌均匀。

（3）用 60 目粪筛或两层纱布过滤到平底管中,使管内粪汁平于管口并稍隆起,但不要溢出。

（4）静置 30 min,用盖玻片蘸取后置于载玻片上;或用载玻片蘸取液面后迅速翻转,加盖玻片;也可用直径 5～10 mm 的铁丝圈,与液面平行接触以蘸取表面液膜,抖落于载玻片上,加盖玻片。

（5）显微镜检查。先用低倍镜顺序观察盖玻片下所有部分,发现疑似虫卵物时,再用高倍镜仔细观察。

（二）注意事项

（1）漂浮时间。饱和盐水漂浮法漂浮时间为 30 min 左右较为适宜。

（2）漂浮液保存。漂浮液必须饱和,盐类饱和溶液的保存温度不能低于 13 ℃。

（3）漂浮液的选择。除饱和盐水漂浮液以外,还可使用硫代硫酸钠饱和液（1000 mL 水加入 1750 g 硫代硫酸钠）、硝酸铵溶液（1000 mL 水加入 1500 g 硝酸铵）和硝酸铅溶液（1000 mL 水加入 650 g 硝酸铅）等,后两者可大大提高检出效果,甚至可用于吸虫病的诊断。但是用高比重溶液时易使虫卵和卵囊变形,检查必须迅速,制片时可补加 1 滴清水。

（4）漂浮法检查多例粪便时,应避免相互污染,否则影响结果的准确性。

（5）静置滤液的容器选择。选用口径较小的平底玻璃器皿，如经济实惠的青链霉素瓶。

（6）如用载玻片或盖玻片蘸取虫卵，则使用的载玻片或盖玻片一定要干净无油腻，否则难以蘸取。

五、沉淀检查法

该方法用于检查粪便中的虫卵，其原理是利用虫卵密度比水大的特点，让虫卵在重力的作用下，自然沉于容器底部，然后进行检查。

（一）操作步骤

（1）取 5 g 待检粪便，置于平皿或烧杯中，加 10 倍量的清水，搅拌均匀。

（2）经 60 目粪筛或 2 层纱布过滤到另一试管中，置离心机上 1000 rpm/min 离心 2～3 min，然后倾去管内上层液体，再加清水搅匀，再离心。这样反复进行 2～3 次，直至上清液清亮为止。

（3）最后倾去大部分上清液，保留沉淀物 1/2 的溶液量，用吸管吹吸均匀后，吸取 2 滴左右沉渣置载玻片上，加盖玻片镜检。

（二）注意事项

（1）注意此法粪量少，一次粪检最好多看几片，可以提高检出率。

（2）如果没有离心机，可将离心沉淀改为自然沉淀，每次沉淀时间为 30 min，其他操作方法不变。

（3）可将沉淀法和漂浮法结合起来应用。如可先用漂浮法将虫卵和比虫卵轻的物质漂起来，再用沉淀法将虫卵沉下去；或者选用沉淀法使虫卵及比虫卵重的物质沉下去，再用漂浮法使虫卵浮起来，以获得更高的检出率。

六、锦纶筛兜淘洗法

该方法一般适用于体积较大虫卵的检查，具体检查范围由所选锦纶筛兜的孔径所决定。其原理是利用虫卵的直径多在 60～

260 μm，因此可制作两个不同孔径的筛子，以达到快速浓集虫卵、提高检出率的目的。

（一）操作步骤

（1）取待检粪便 5～10 g，先加少量的水，将粪便调成糊状，再加10～20 倍量水充分搅匀成粪液。

（2）用 60 目金属筛或 2～3 层湿纱布过滤到另一塑料杯或烧杯中。

（3）滤液再通过 260 目锦纶筛兜过滤，并在锦纶筛兜中继续加水冲洗，直至洗出液清澈透明为止。

（4）最后用流水将粪渣冲于筛底，取一烧杯清水，将筛底浸于水中，吸取兜内粪渣 1 滴于载玻片上。

（5）取一个洁净的盖玻片，拇指和食指夹持盖玻片的一端，盖玻片的另一端接触粪膜，并倾斜 45°左右，当粪液在两玻片之间的夹角处呈一直线时，轻轻放下盖玻片，以尽量减少气泡的产生。

（6）置于低倍显微镜下观察，按照"Z"字形路线，观察整个玻片，当发现疑似虫卵时，可以转到高倍镜下鉴定。

（二）注意事项

因通过 260 目锦纶筛兜过滤、冲洗后，直径小于 40 μm 的细粪渣和可溶性色素均被洗去而使虫卵集中，故此法适用于直径大于60 μm 球虫卵囊。

七、虫卵计数法

虫卵计数法是一项用于检查寄生虫病的辅助检查法，通过测定每克鸡粪便中的虫卵数，以评估鸡体内某种寄生虫的感染程度，也可用于使用驱虫药前后虫卵数量的对比，以评估驱虫效果。方法有多种，这里详细介绍两种常用的方法。

（一）斯陶尔氏法（Stoll's method）

（1）用小的特制球状烧瓶，在瓶的下颈部有 2 个刻度，下面为56 mL，上面为 60 mL（没有这种球状烧瓶，可用大的试管或小三角瓶代替,但须事先标好上述 2 个刻度)。

(2) 加入 0.1 mol/L(或 4%)NaOH 溶液至 56 mL 处,再徐徐加入捣碎的粪便,使液面达 60 mL 处为止(大约加进 4 g 粪便)。

(3) 加入 10 多个小玻璃珠,充分振荡,使粪便完全破碎成均匀的粪悬液。

(4) 用吸管吸取 0.15 mL 置载玻片上,盖以不小于 22 mm×40 mm 的盖玻片镜检计数。若没有大盖片,可用若干张小盖片代替,或将 0.15 mL 粪液滴于 2~3 张载玻片上,分别计数后,再加起来。

(5) 在显微镜下循序检查,统计其中虫卵总数,因 0.15 mL 粪液中实际含原粪量是 $0.15×4/60=0.01$ g,因此,所得虫卵总数乘 100 即为每克粪便中的虫卵数(EPG)。

(二) 麦克马斯特氏法(McMaster's method)

(1) 计数板构造:计数板由 2 片载玻片组成,其中一片较另一片窄一些(便于加液)。在较窄的玻片上有 1 cm^2 的刻度区 2 个,每个正方形刻度区中又平分为 5 个长方格。另有厚度为 1.5 mm 的几个玻璃条垫于 2 个载玻片之间,以树脂胶黏合。这样就形成了 2 个计数室,每个计数室的容积为 0.15 cm^3。

(2) 取 2 g 待检粪便置研钵中,先加入 10 mL 水搅拌均匀,转入装有玻璃珠的小瓶内,加入饱和盐水 50 mL 充分振荡混合。

(3) 通过 60 目的粪筛过滤,后将滤液边摇晃边用吸管吸出少量滴入麦克马斯特计数板的两个计数室内。

(4) 置于显微镜台上,静置 2~3 min,用低倍镜将 2 个计数室内见到的虫卵全部数完。

(5) 该小室中的容积为 1 cm×1 cm×0.15 cm=0.15 cm^3,每个计数室内含粪便量为 $2÷(10+50)×0.15=0.005$ g,两个计数室则为 0.01 g。故数得的虫卵数乘以 100 即为每克粪便中的虫卵数(OPG 值)。计算公式:$OPG=a×100$,a 代表两个计数室的虫卵数值。

（三）注意事项

（1）做虫卵计数时，所取粪便应干净，不能掺杂沙土、草根等。

（2）操作过程中，粪便必须彻底粉碎，混合均匀；用吸管吸取粪液时，必须摇匀粪液，在一定深度吸取。

（3）采用麦克马斯特氏法计数时，必须调好显微镜焦距（计数室刻度线条可被看到），计数虫卵时不能有遗漏和重复。

（4）为了取得准确的虫卵计数结果，每日最好在不同的时间检查 3 次，并连续检查 3 天，然后取其平均值。将每克粪便虫卵数乘以 24 h 粪便的总重量（g），即是每日所排虫卵的总数，再将此总数除以已知成虫每日排卵数（可查书得到），即可得出雌虫的大约寄生数量。如寄生虫是雌雄异体的，则将上述雌虫数再乘以 2，便可得出雌雄成虫寄生总数。

（5）除上述方法之外，也可以用漂浮法或沉淀法来进行虫卵计数，即称取一定量粪便（1～5 g），加入适量（10 倍量）的漂浮液或水后进行过滤，而后或漂浮或反复水洗沉淀，最后用盖玻片或载玻片蘸取表面漂浮液或吸取沉渣，进行镜检，计数虫卵。计数完 1 片后，再检查第 2 片、第 3 片……第 n 片，直到不再发现虫卵或沉淀液全部用完为止。然后将见到的虫卵总数除以粪便克数，即为每克粪便虫卵数。

第二节　原虫病的实验室检查技术

鸡原虫病主要包括鸡住白细胞原虫病、组织滴虫病、球虫病等，下面介绍几种鸡原虫病常用的实验室检查法。

一、粪便内原虫检查法

寄生于消化道的原虫，如球虫可以通过粪便检查来确诊。检查时，要求粪便新鲜、盛粪便的容器要干净无污染。采用各种镜检方法之前，可以先对粪便进行观察，看其颜色、稠度、气味、有无血液等，以便初步了解宿主感染的时间和程度。

(一) 球虫卵囊检查法

1. 检查方法

根据所采取的方法不同,粪便内球虫卵囊的检查方法分为直接涂片法、漂浮法、锦纶筛兜淘洗法等(操作方法同粪便内蠕虫虫卵检查法)。

2. 注意事项

(1) 因大部分球虫卵囊直径小于 40 μm,若使用锦纶筛兜淘洗法时,虫卵可以通过 260 目网筛筛孔,故应取滤液,待其沉淀或离心后,吸取沉淀渣检查。

(2) 当需要鉴定球虫的种类时,可将浓集后的卵囊加 2.5% 的重铬酸钾溶液,在 25 ℃温箱中培养,待其孢子形成后进行观察。

(二) 球虫卵囊计数法

在生产实践当中,为了推测动物体内球虫的感染强度、判断抗球虫药物的疗效、评价疫苗的免疫保护性,通常要进行卵囊的计数,即每克粪样中球虫卵囊数值(OPG)。常用的方法有血球板计数、载玻片计数、浮游生物计数板计数、麦克马斯特计数等。

1. 血球板计数法:取 1 g 待检粪样,溶于 10 mL 水中,制成 10 倍稀释液,经充分搅拌均匀后,取其 1 滴置血球计数板中,在低倍显微镜下计算计数室四角 4 个大方格(每个大方格又分成 16 个中方格)中球虫卵囊总数,除以 4 求其平均值,乘 10^4 即为 1 mL 液体的卵囊数,然后再乘 10 即为 OPG 值。如果计数室四角没有大方格则用正中的一个大方格,连数几次,求其平均数 a,乘 10^5 即为 OPG 值。计算公式:$OPG = a \times 10 \times 1/(0.1 \times 0.1 \times 0.01) = a \times 10^5$。

2. 载玻片计数法:取 1 g 待检粪样,溶于 10 mL 水中,制成 10 倍稀释液,取 0.05 mL 置于载玻片上,盖上盖玻片后,计数整个卵囊数 b。计算公式:$OPG = b \times 10 \times 1/0.05 = b \times 200$。

3. 浮游生物计数板计数:取 1 g 待检粪样,溶于 10 mL 水中,制成 10 倍稀释液,吸取 0.04 mL 滴于浮游生物计数板中,覆加 32 mm ×

28 mm 的盖玻片,然后数出 64 列中的 10 列所见到的卵囊数 c。计算公式:OPG$=c\times10\times1/0.04\times64/10=c\times1600$。

4. 麦克马斯特法计数法:操作方法同粪便内蠕虫虫卵检查法。

(三)隐孢子虫卵囊检查法

隐孢子虫卵囊的采集与球虫相似,但其比球虫小,可采用饱和蔗糖溶液漂浮法收集粪便中的卵囊,油镜观察,或加以染色后再用油镜镜检。

1. 饱和蔗糖溶液漂浮法:取待检粪样 5~10 g,加 5 倍清水搅匀,60 目筛网过滤,滤液以 2500~3000 rpm/min 离心 10 min,弃上清,按粪样量的 10 倍体积加饱和蔗糖溶液(蔗糖 500 g,蒸馏水 320 mL,石炭酸 9 mL),搅匀后以 2000 rpm/min 离心 10 min,然后用小铁丝环蘸取漂浮液表层于载玻片上涂片,加盖玻片,以 10×100 倍油镜镜检。

2. 抗酸染色法:取待检粪样 5~10 g,加 5 倍水搅匀,60 目尼龙筛过滤,将滤液涂片,自然干燥或采用火焰快速干燥,在涂片区域滴加改良抗酸染色液第一液(碱性复红 4 g,95%酒精 20 mL,石炭酸 8 mL,蒸馏水 100 mL),以固定玻片上的滤液膜,5~10 min 后用水冲洗,再滴加第二液(98%浓硫酸 10 mL,蒸馏水 90 mL),5~10 min 后用水冲洗,滴加第三液(0.2 g 孔雀绿,蒸馏水 100 mL)1 min 后水洗,自然干燥后以油镜观察。卵囊染成橘红色,背景为蓝色。有些杂质可能也染成橘红色,应加以区分。

二、血液内原虫检查法

寄生于血液中的鸡住白细胞虫,一般可采取翅静脉血检查。常用的检查方法有以下三种。

(一)直接镜检法

将采出的血液滴在洁净的载玻片上,加等量的生理盐水与之混合,加上盖玻片,立即放显微镜下用低倍镜检查,发现有运动的可疑虫体时,可再换高倍镜检查。为增加血液中虫体活性,可以将玻片在火焰上方略加温。此法适用于检查伊氏锥虫。

（二）涂片染色镜检法

1. 载玻片的选择：制作血涂片的载玻片要求表面光滑，清洁无油。新玻片先用清水冲洗后晾干，再浸泡在稀清洁液中 1～2 d，取出后用自来水彻底冲洗干净，最后用蒸馏水冲洗，再经 95％酒精浸泡后擦干。如系用过的旧载玻片，则应先将玻片投入沸腾的 5％肥皂水（或洗衣粉、洗涤剂的溶液）中，浸泡 1～2 h，用纱布擦洗，再以清水冲洗。待干后放入稀清洁液中浸泡 1～2 d，再用流水彻底洗净，烤干，在 95％酒精中浸泡 1 d 后擦干。已清洗的玻片要用干净无油的纸包好备用。

2. 血涂片的制作：采血部位用酒精棉球消毒，再用消毒针头采血，吸取 2 μL 血液滴于洁净的载玻片一端；另取一块边缘光滑的载玻片作为推片，先将此推片的一端置于血滴的前方，然后稍向后移动，触及血滴，使血均匀分布于两玻片之间，形成一线；推片与载玻片形成 30°～45°角，平稳快速向前推进，使血液循接触面散布均匀，一次成膜，切勿停顿或重复；抹片后，自然干燥。

3. 染色

（1）姬姆萨染色

① 姬姆萨染料配制：姬姆萨红染料（粉末）1 g，甲醇 66 mL，甘油 66 mL。先将姬姆萨染料放入研钵中，逐渐倒入甘油，并研磨均匀，置于 56 ℃水温箱内 90～120 min，然后加入甲醇，即配成姬姆萨染色原液。

② 染色过程：血涂片滴加甲醇固定后，将姬姆萨染色原液用 pH 6.8～7.2 的缓冲液作 10 倍稀释，在血膜上滴加稀释的姬姆萨染色液，染色 20～30 min，用自来水轻轻冲洗，自然干燥后镜检。

（2）瑞氏染色

① 瑞氏染液配制：瑞氏染料（伊红和美蓝）0.2 g，置棕色试剂瓶中，加入甘油 3 mL，盖紧瓶塞，充分摇匀后，再加入甲醇 100 mL，室温放置。

②染色过程：取已干燥的血涂片（不需要甲醇固定），滴加瑞氏染液覆盖血膜，静置2 min，加入与染液等量的缓冲液或蒸馏水，用吸球轻轻吹动，使染液与稀释液充分混匀，此时可见金属铜色膜上浮，放置3～5 min，用自来水从载玻片一端轻轻冲洗，玻片冲洗干净后自然晾干或用电吹风吹干，以便镜检。

4. 显微镜镜检：涂片染色后，在油镜下观察，可见月牙形或梭形虫体，核为红色，胞质为蓝色，即为弓形虫滋养体（速殖子）。镜检时，血膜中有一些与滋养体形态类似的物质，应注意区别。如染料小渣粒有红也有蓝，可黏附于红细胞上；或有单个的血小板附着于红细胞上，易被误认为大滋养体。但这些物体均在红细胞之上，通过调节精细螺旋可发现它们与红细胞不在同一水平。

（三）离心集虫法

在离心管中加2％的柠檬酸生理盐水3～4 mL，再加血液6～7 mL；混匀后以500 rpm/min离心5 min，使其中大部分红细胞沉降；将含有少量红细胞、白细胞和虫体的上层血浆，用吸管移入另一离心管中，补加一些生理盐水，以2500 rpm/min的速度离心10 min，取其沉淀制成抹片，染色检查。此法适用于检查伊氏锥虫和梨形虫。

第三节　螨虫病的实验室诊断技术

螨虫所引起的疾病诊断是以临床症状和病原诊断为依据的，从各种病料中检出病原体是诊断的重要手段。

一、病料的采集

螨虫的个体较小，常需要刮取皮屑，在显微镜下寻找虫体或虫卵。选取新生的患部与健康部位交界的地方，拔除羽毛，用消毒过的外科凸刃刀，与皮肤表面垂直，反复刮取表皮，直到稍微出血为止，取样后用碘伏消毒取样处。

二、检查方法

(一) 直接检查法

将刮下的皮屑放在黑纸上或有黑色背景的容器内,置温箱中(30～40 ℃)或用白炽灯照射一段时间,然后收集从皮屑中爬出的黄白色针尖大小的点状物在镜下检查。此法较适用于体形较大的螨(如痒螨),还可以把刮取的皮屑握在手里,不久会有虫体爬动的感觉。

(二) 显微镜检查法

将刮下的皮屑,放于载玻片上,滴加50%甘油水溶液,覆以另一张载玻片,搓压玻片使病料散开,分开载玻片,置显微镜下检查。甘油有透明皮屑的作用,虫体短时间内不会死亡,可观察到其活动。

(三) 虫体浓集法

先取较多的病料,置于试管中,加入10%氢氧化钠溶液,浸泡过夜(如急待检查可在酒精灯上煮数分钟),使皮屑溶解,虫体自皮屑中分离出来。而后待其自然沉淀(或以2000 rpm/min离心沉淀5 min),虫体即沉于管底,弃去上层液,吸取沉渣检查。也可采用上述方法处理的病料加热溶解离心后,倾去上清液,再加入60%硫代硫酸钠溶液,充分混匀后再离心2～3 min,螨虫即漂浮于液面,用金属环蘸取表面薄膜,抖落于载玻片上,加盖玻片镜检。

(四) 温水检查法

用幼虫分离法装置,将刮取物放在盛有40 ℃温水的漏斗上的铜筛中,经0.5～1 h,由于温热作用,螨从痂皮中爬出集成小团沉于管底,取沉淀物进行检查。

(五) 培养皿内加温法

将刮取到的干病料,放于培养皿内,加盖。将培养皿放于盛有40～45 ℃温水的杯上,10～15 min后将培养皿翻转,则虫体与少量皮屑黏附于皿底,大量皮屑则落于皿盖上,取皿底检查。可以反复进行如上操作。该方法可收集到与皮屑分离的干净虫体,供观察和制作封片标本之用。

第八章　药敏试验

测定抗感染药物在体外对病原微生物有抑菌或杀菌作用的方法称为药物敏感试验,简称药敏试验。用药敏试验进行药物敏感度的测定,以便准确有效地利用药物进行治疗。兽医微生物实验室进行药敏试验的方法主要有纸片扩散法、稀释法和抗生素浓度梯度法(E-test法)等。

第一节　纸片扩散法

纸片扩散法(K-B法)药物敏感试验是在涂有细菌的琼脂平板培养基上按照一定要求贴浸有抗菌药的纸片,培养一段时间后测量抑菌圈大小,并根据相关标准进行结果分析,从而得出受试菌株药物敏感性的结论。

一、原理

将浸有抗菌药物的纸片贴在涂有细菌的琼脂平板上,纸片中所含的药物吸取琼脂中的水分溶解后会不断地由纸片中心向四周扩散,形成递减的梯度浓度,在纸片周围抑菌浓度范围内待检菌生长被抑制,从而产生透明的抑菌圈,抑菌圈的直径直接反映待检菌对抗菌药物的敏感程度。

二、试验方法

(一) 操作步骤

1. 制作待检菌液:在超净工作台内挑取培养 18~24 h 普通营养琼脂平板上的菌落,悬于含 3 mL 无菌生理盐水的试管中。混匀后与比浊管比浊,调整浊度至 0.5 麦氏标准(相当于 $1.5×10^8$ CFU/mL)。

2. 接种细菌:在超净工作台内用无菌棉拭子蘸取菌液,在管壁上挤压去掉多余的菌液,均匀涂抹整个平板表面,最后沿平板内缘涂抹一周(用接种环密集划线法也可以)。

3. 贴药敏片:将涂抹均匀的培养皿底部用记号笔做好标记,眼科镊子在酒精灯上灼烧灭菌待冷却后,镊取各种购买或自制的药敏片,分别贴于相应的位置上,用镊子轻轻按压纸片使药敏纸片与培养基表面密贴。药敏纸片应在培养基表面均匀分布,各纸片距中心距离大于 24 mm,纸片距边缘距离大于 15 mm。一般一个直径 90 mm的培养皿贴 4～5 个药敏纸片。

4. 培养:最后将贴好药敏纸片的平板倒置于 35～37 ℃恒温培养箱,培养 16～18 h 后取出,观察结果(图 8-1)。

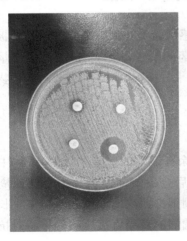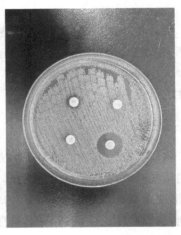

图 8-1　纸片扩散法

(二) 结果判定

1. 观察抑菌圈直径:抑菌圈直径以肉眼见不到细菌明显生长的边缘为限(例:变形杆菌可蔓延生长至某些抗微生物的抑菌圈内,表现为一种细薄微弱的生长,形成一层明显的抑制性生长环,对于这种情况应忽略不计;对于磺胺类药物,应忽略抑菌圈内轻微的细菌生长,少于20％的菌苔,以明显的边缘为抑菌圈直径)。

2. 判定敏感度:根据抑菌圈的大小来判定细菌对不同药物的敏感度,通常分敏感、中介和耐药三个等级。

敏感:表示被测菌株所引起的感染可以用常用量的抗菌药物治愈。

中介:表示被测菌株可以通过提高用药剂量被抑制,或在药物生理性浓集的部位(如尿液)被抑制。

耐药:表示被测菌株不能被常用剂量药物抑制,临床疗效不佳。

3. 判定标准:不同菌株结果判定标准不同,不同药物的判定标准也不同。抑菌圈的大小可使用游标卡尺精准测量,也可用直尺粗略测量(测直径)。最终判定结果可以参照《纸片法抗菌药物敏感试验标准》(WS/T125-1999)中的表3～表10,也可以根据以下标准(表8-1)进行判定:

表8-1 药敏试验药物配制及判定标准

编号	药品名称	商品药敏片含量/(μg/片)	稀释比例/(mL/mg)	判定标准 抑菌圈直径/mm		
				S(敏感)	I(中介)	R(耐药)
1	阿莫西林	20	5			
2	庆大霉素	10	10	≥15	13～14	≤12
3	硫酸阿米卡星	30	3.33	≥17	15～16	≤14
4	多西环素(强力霉素)	30	3.33	≥14	11～13	≤10
5	盐酸环丙沙星	5	20	≥21	16～20	≤15
6	左氧氟沙星	5	20	≥17	14～16	≤13
7	诺氟沙星	10	10	≥17	13～16	≤12
8	头孢曲松钠	30	3.33	≥23	20～22	≤19
9	头孢他啶	30	3.33	≥21	18～20	≤17
10	头孢噻呋	2	50			
11	替米考星	15	6.67			
12	硫酸新霉素	30	3.33			

编号	药品名称	商品药敏片含量/(μg/片)	稀释比例/(mL/mg)	判定标准 抑菌圈直径/mm		
				S(敏感)	I(中介)	R(耐药)
13	盐酸林可霉素	2	50			
14	恩诺沙星	5	20			
15	硫酸粘菌素	10	10	≥11	—	≤10
16	克林霉素	2	50			
17	红霉素	15	6.67			
18	克拉霉素	15	6.67			
19	阿奇霉素	15	6.67			
20	磺胺间甲氧嘧啶钠	300	0.33			
21	安泰嘉(泰乐菌素)		0.2			
22	球光(磺氯吡嗪钠)		1			
23	卵管嘉(烟酸诺氟沙星)		10	>20 极敏 15~20 高敏 10~14 中敏 <10 不敏感 (商品药)		
24	杆菌比克(氧氟沙星)		0.2			
25	肠安嘉(盐酸环丙沙星)		3.2			
26	肠炎嘉(硫酸新霉素)		0.87			
27	克球嘉(磺胺间甲氧嘧啶钠)		2			
28	莫能菌素	20	0.50			
29	痢菌净	30	0.33	>15	10~15	<10
30	盐酸克林霉素	5	2.00			
31	黄霉素	30	0.33			
32	磺胺氯吡嗪钠	300	0.03			
33	甲氧苄啶	5	2.00			
34	杆菌肽锌	30	0.33			

编号	药品名称	商品药敏片含量/(μg/片)	稀释比例/(mL/mg)	判定标准抑菌圈直径/mm		
				S(敏感)	I(中介)	R(耐药)
35	盐酸沃尼妙林	30	0.33			
36	酒石酸泰乐菌素	50	0.20			
37	硫酸安普霉素	30	0.33			
38	杆立清		0.04			
39	新畅美		0.1	>20 极敏 15～20 高敏 10～14 中敏 <10 不敏感 (商品药)		
40	肠安泰		0.04			
41	喘痢嘉		0.02			
42	咳喘嘉		0.0264			
43	呼感康宁		0.1			

备注:商品药通常按照说明书用量原倍配置药敏纸片,可视情况做2倍、4倍浓度配置;商品药敏感性判定通常 Φ>20mm 极敏,15～20 mm 高敏,10～14 mm 中敏,<10 mm 不敏感;某些原料药按国标规定判定,没有具体依据的通常也按照>20 mm 极敏,15～20 mm 高敏,10～14 mm 中敏,<10 mm 不敏感判定。

在判读结果时需注意:

(1)检测葡萄球菌或肠球菌对苯唑西林和万古霉素的抑菌圈需要用透射光,在苯唑西林纸片(葡萄球)或万古霉素纸片(肠球菌)周围的抑菌圈内有明显的菌落或生长菌膜(包括针尖样菌落)则提示耐药。

(2)如抑菌圈内有独立生长的菌落,则提示可能有杂菌,需重新分离鉴定,若为高频突变耐药菌,尚需要进行药敏试验。

(3)变形杆菌可蔓延到某些抗生素的抑菌圈内,所以在明显的抑菌圈内有薄膜样爬行生长可忽略不计。

(4)某些细菌的磺胺类药抑菌圈内可能有微量的细菌生长,可忽略不计,应以外圈为准。

(5)对于溶血性细菌如链球菌,应检测细菌生长受抑制区域而不是溶血区域。

（6）对于产色素的细菌，亦需注意测量细菌生长受抑制的区域。

（三）注意事项

（1）要求待检病料新鲜、无污染。

（2）整个试验操作过程注意无菌操作。

（3）细菌选择。一定要选择纯菌种、纯菌株、纯菌落，配制一定浓度的菌液涂抹于平板上，因为混合菌株没有相关判断标准，结果不能被接受。

（4）选择合适培养基。一般细菌，比如大肠埃希菌、铜绿假单胞菌用 MH 琼脂平板做药敏试验；流感嗜血杆菌要用 HTM 培养基；肺炎链球菌要用血 MH 平板。

（5）培养基厚度。要求厚度为 4 mm，直径 90 mm 的培养皿约 25 mL/平皿。制备的平板使用时应放于 35 ℃温箱中 30 min 去除过多的水分，以免影响抗菌药物的扩散。

（6）接种细菌后应在室温放置片刻，待菌液被培养基吸收后再贴纸片；但不宜放置太久，否则在贴纸片前细菌已开始生长，可使抑菌圈缩小。

（7）温度和环境。如 MH 平板要放在 35 ℃的空气环境内；HTM 平板要放到 35 ℃的二氧化碳环境内；堆放试验平板不超过 2 个，使其受热均匀。

（8）培养时间。不同种类细菌的药敏试验时间不同，比如一般细菌需要 16～18 h，部分细菌需要 24 h 甚至更长时间。

（9）药敏片保存。长时间不用，应置于 -20 ℃冷冻保存，平时常用可放于 4～8 ℃冷藏。药敏片从冰箱里拿出后，要与室温平衡 20 min 后再开盖使用，以免潮湿影响结果。

第二节　稀释法

稀释法药敏试验是指将一定浓度的抗菌药物按照指南进行稀释

后与肉汤或琼脂混合制成培养基,再接种受试菌株,经孵育培养后观察细菌生长情况,进行药敏结果分析。在肉汤或琼脂中将抗菌药物进行一系列倍比稀释后,定量接种待检菌,35 ℃孵育 24 h 后观察。抑制待检菌肉眼可见生长的最低药物浓度,即为该药物对待检菌的最低抑菌浓度(minimal inhibitory concentration,MIC)。

一、原理

将一定浓度的抗菌药物稀释至不同浓度后接种受试菌株,通过测定菌株在不同浓度药物培养基内的生长情况可定量检测该药物的最低抑菌浓度(MIC)、最小杀菌浓度(minimal bacteriocidal concentration,MBC)、可抑制 50%受试菌的 MIC(MIC50)、可抑制 90%受试菌的 MIC(MIC90)。

二、操作步骤

(一) 试管稀释法

无菌试管 24 支,排两排,另取 3 支试管,分别作为肉汤对照管、受试菌生长对照管和质控菌生长对照管,每管加入 MH 肉汤 2 mL,在第一管加入 MH 肉汤稀释的药物原液(256 mg/L)2 mL,然后吸取 2 mL 至第 2 管,混匀后再吸取 2 mL 至第 3 管。如此连续倍比稀释至 12 管,并从第 12 管中吸取 2 mL 弃去,此时各管含药物浓度依次为 128、64、32、16、8、4、2、1、0.5、0.25、0.125、0.062 5 mg/L。第一排试管每管加入受试菌菌液 0.1 mL(菌液浓度为 1×10^7 CFU/mL),第二排试管加入标准菌菌液 0.1 mL(菌液浓度为 1×10^7 CFU/mL),最终接种菌量为 5×10^5 CFU/mL,35 ℃孵育 18~24 h 后观察。药物浓度最低无细菌生长者,即为该药物对受试菌的 MIC 值。

(二) 琼脂稀释法

(1) 取无菌平板 14 个,12 个为一列,另外 2 个分别为无菌对照和细菌生长对照,在 12 个一列的平板上分别标上药物名称和浓度,如第一个平板阿米卡星,浓度 128 mg/L,第二个平板为 64 mg/L、第三个 32 mg/L,以此类推直至最后一个浓度为 0.062 5 mg/L。然后在浓度 128 mg/L 的平板上加入抗细菌母液 1 mL(浓度为 1920 mg/L),在浓度为 64 mg/L 的平板上加入抗细菌母液 1 mL(浓度为 960 mg/L),以此类推至最后一个平板,在每个平板中加入已降温至 45 ℃左右的经高压灭菌的 MH 琼脂 14 mL,轻轻混匀,使琼脂与抗菌药充分混匀,此时平板中的抗菌药物被稀释了 15 倍,最后在不含药的无菌对照和细菌生长对照平板中各加入 15 mL 的 MH 琼脂。

(2) 将过夜增菌的受试菌稀释至 10^7 CFU/mL 的菌液浓度,以多点接种仪蘸取 1 μL 的菌液接种于平板上,35 ℃孵育 18~24 h 观察。药物浓度最低无细菌生长者,即为该药物对受试菌的 MIC 值。

三、注意事项

(一) 抗菌药物质量要求

抗菌药物应直接从厂商或相关机构获取,实际浓度依据说明书进行换算,药品应按照说明书要求或于 -20 ℃下干燥冷藏,制备好的药液应无菌并至少为 -60 ℃冷冻保存,融化后应 24 h 内使用,未使用的不可再次使用。

(二) 培养基的要求

肉汤稀释法中,非苛养菌可选择阳离子调节的 MH 肉汤,对苛养菌中有特殊要求的如嗜血杆菌属、链球菌属可分别选择 HTM 培养基、含 5%脱纤维马血 CAMHB。琼脂稀释法中,一般选择 MHA 琼脂,特殊细菌如淋病奈瑟球菌则含 1%生长因子的 GC 琼脂。检测葡萄球菌对苯唑西林、甲氧西林、萘夫西林的敏感性时,培养基中须含有最终浓度为 2%的 NaCl。

(三) 结果分析

如结果观察到跳孔现象应检查培养物纯度或重新进行试验。

四、临床意义

药物最低浓度管无细菌生长者(对照管细菌生长良好),即为待检菌的最低抑菌浓度（MIC）。常规的稀释法药敏试验操作步骤烦琐,临床应用较少,多用于调查罕见耐药、调查药敏定性敏感而临床疗效不佳的原因、确定药敏定性中介的敏感性、选择二线药物、新药评价。商品化的微量稀释板操作方便,已广泛应用于临床,可指导药物剂量。

第三节　E-test 法

E-test 法药敏试验是一种抗菌药物浓度梯度稀释法直接测量 MIC 的方法,即浓度梯度（多点药物浓度法）琼脂扩散试验,是结合了稀释法和扩散法的原理和特点测定微生物对抗菌药物的敏感度的定量技术。

一、原理

将载有抗生素连续梯度浓度的塑料条（E-Test 条）置于已接种待测菌液的琼脂平板上,从抑菌圈与 E-Test 条交界处可读出 MIC 值。E-Test 条是一个宽 5 mm、长 60 mm 的无活性塑料薄条,其表面标有以 $\mu g/mL$ 为单位的抗菌药物浓度 MIC 判断刻度,背面含有干化、稳定的浓度由高至低连续梯度分布的抗菌药物。将 E-Test 条放至一个已接种细菌的琼脂平板时,其载体上的抗菌药物迅速且有效地释放入琼脂,从而在下方建立一个抗菌药物浓度梯度。经孵育后,当细菌的生长清晰可辨时,即可见一个以试条为中心的椭圆抑菌圈,圈的边缘与试条的交界处的刻度浓度即为抗菌药物抑制细菌的 MIC 值（图 8 - 2）。该方法常用于一般细菌、苛氧菌、厌氧菌、分枝杆菌和真菌的药敏试验。

二、试验方法

（一）操作步骤

1. 菌液的制备与接种:培养基、接种物的制备和接种同纸片扩

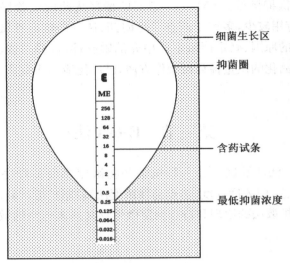

细菌生长区

抑菌圈

含药试条

最低抑菌浓度

图 8-2　E 试验示意图

散法。

2. E-test 条的存储与使用：E-test 条与干燥剂一起置－20 ℃冰箱保存备用，每次使用前先室温平衡 30 min 后再开启 E-test 条容器或者包装，以免冷凝水浸湿纸片而使其效价降低。

3. 贴 E-test 条：按说明书要求将 E-test 条贴于已涂布菌液的琼脂平板上。直径 150 mm 的平板内可放置 6 条 E-test 条，90 mm 者一般只能放置 1 条，最多 2 条 E-test 条，贴 2 条时，应将高、低浓度对贴，以减小抑菌圈相互干扰。可用镊子或专用贴条器材进行贴条。

4. 培养：孵育时间和温度同纸片扩散法。

（二）结果判读

结果读取原则：E-test 条两侧的抑菌圈与试条相交处如介于试条上所示两刻度之间时，应读取较高的数值；E-test 条两侧的抑菌圈与试条相交不一致时，读取数值较高的一侧所示的读数；沿 E-test 条边缘生长的纤细细菌线在阅读结果时可以忽略不计；在抑菌圈内出现大、小菌落生长或者双抑菌圈时，应读生长物被完全抑制的部分与

E-test 条相交处的读数；当抑菌圈在与 E-test 条相交处呈凹下延伸时，读凹下起始处切线与 E-test 条相交处的读数。

（三）注意事项

1. 辨别正反：贴 E-test 条时，应刻度面朝上，不得贴反。一旦药面接触琼脂后绝对不能再移动，因为抗菌药物会在数秒钟内渗入琼脂中。

2. 防止叠加：E-test 条非常薄，贴试条时要仔细检查，防止同时贴入 2 条试条。若贴 2 条，应立即轻轻取出上面的一条，还可使用。

3. 勿产生气泡：贴条时应注意试条下面是否压有气泡，气泡会影响药物的均匀扩散，影响实验结果，可用挤压的方法捻出气泡。

4. 储存要求：E-test 条储存要求同纸片扩散法。

第四节 联合药敏试验

抗生素联合用药目的是减少耐药情况的发生、降低药物毒副作用或获得抗生素的协同作用等，采用 2 种或 2 种以上的抗菌药物进行抗菌治疗。这种多种抗生素联合用药效果通常并不等于各种药物单用效果的简单相加，抗菌药物之间存在相互作用。这种相互作用包括药动学、药效学和药剂学 3 个方面。其中药效学可表现为协同、相加、无关、拮抗 4 种作用。如果临床上采用了不合理的联合用药，反而会减弱抗菌作用甚至产生严重的毒副反应或双重感染。因此，临床用药应明确联合用药指征，合理应用抗生素。

联合药敏试验目的是获得协同作用，提高疗效。联合药敏试验的方法很多，常用的有纸片法、肉汤稀释棋盘法等。

一、纸片法

与纸片扩散法类似，先将受试菌菌液均匀涂布于培养基表面，盖好平板，放置 5 min，待琼脂表面水分被吸收后，将两种含药纸片贴于平板上。纸片间以相距 2～3 cm 为宜。37 ℃孵育过夜。

根据图 8-3 呈现出来的图形报告协同、相加、拮抗还是无关。

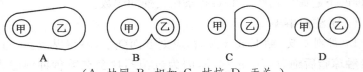

（A. 协同；B. 相加；C. 拮抗；D. 无关。）

图 8-3　联合药敏试验纸片法结果判读

二、肉汤稀释棋盘法

（一）操作步骤

（1）用 0.5 号麦氏比浊管调整浊度为 0.5（相当于 1.5×10^8 CFU/mL），用新鲜 MH 肉汤培养基稀释 1000 倍后，制成起始浓度为 1.5×10^5 CFU/mL 的细菌悬液。

（2）分别将抗菌药甲、乙按照最高浓度 $4 \times$ MIC 浓度开始用无菌 MH 肉汤培养基倍比稀释（制备 7 个浓度梯度）。

（3）在 96 孔无菌微孔板中，每孔加入 100 μL 上述菌液，从上到下，分别在 1～8 行中依次加入已稀释好的不同浓度的抗菌药甲 50 μL，浓度分别为 $0 \times$ MIC，$0.062\,5 \times$ MIC，$0.125 \times$ MIC，$0.25 \times$ MIC，$0.5 \times$ MIC，$1 \times$ MIC，$2 \times$ MIC，$4 \times$ MIC。

（4）同法，从左到右，分别在 1～8 列中依次加入已稀释好的不同浓度的抗菌药乙 50 μL，浓度分别为 $0 \times$ MIC，$0.062\,5 \times$ MIC，$0.125 \times$ MIC，$0.25 \times$ MIC，$0.5 \times$ MIC，$1 \times$ MIC，$2 \times$ MIC，$4 \times$ MIC。

（5）在第 9～10 列每孔中加入 200 μL 细菌悬液作为阴性对照组；在第 11～12 列每孔中加入 200 μL 新鲜 MH 培养基作为空白对照组。

（6）将培养板置于 37 ℃细菌培养箱中，静置培养 24 h 后，无细菌生长（溶液澄清）的最低药物浓度为 MIC。

（二）结果判定

通过计算部分抑菌浓度指数（FIC）来判断相关作用，根据 FIC 指数＝（联合时甲药 MIC/甲药的 MIC）＋（联合时乙药的 MIC/乙药的 MIC），抗菌药物联合应用后的作用有 4 种类型：① 协同 FIC≤0.5；② 相加 0.5＜FIC≤1.0；③ 无关 1＜FIC≤2；④ 拮抗作用 FIC＞2.0。

（三）注意事项

只有当空白对照管中的溶液无细菌生长，并且阴性对照组溶液的浑浊度高于或近似所有实验组中溶液浊度时，试验结果才有效。

第九章　产品质量检测

第一节　鸡蛋品质检测

鸡蛋品质主要包括鸡蛋的外在品质和内在品质,其优劣会直接影响鸡蛋的口感、风味、食用价值及销售价格。鸡蛋品质一般受遗传、饲养管理、饲料、疾病、日龄、应激、货架期等因素的影响。养殖场及时了解场内鸡蛋的品质,有利于及时调整蛋鸡饲养管理,改善产品质量。

一、检测目的

鸡蛋品质的测定通常分商业性测定和专业性测定两种。商业性测定是为了检验蛋的新鲜度、品质等,以便对蛋品进行分级;专业性测定是为了了解种质资源特性(遗传特性)、饲养状况与条件等。

二、指标分类

(一) 外在指标

蛋重、蛋密度、蛋形指数、蛋壳重、蛋壳强度、蛋壳颜色、蛋壳厚度等指标。

(二) 内在指标

蛋白高度、浓蛋白系数、哈氏单位、蛋白 pH 值、蛋黄重、蛋黄颜色、蛋黄膜强度、蛋黄系数等指标。

三、检测方法

(一) 鸡蛋外在指标测定

1. 蛋重:是评价产蛋性能的重要指标,同时也是市场销售环节影响消费者选择的重要因素,在鸡的整个生长周期中,蛋重与鸡的日龄成正相关。蛋鸡的正常蛋重的变化范围为 50～65 g,过大可能是双黄蛋,过小则多为开产的第一个蛋或无黄蛋。蛋的重量不仅是评定蛋的等级、新鲜度等的重要指标,也是品种选育中的一项重要性状。

仪器设备:电子天平。

测量方法:选取 3 个体积相差不大的无裂缝、无损坏的鲜鸡蛋,分别将鸡蛋放置到电子天平上称量其质量,取平均值得到鸡蛋的质量。

2. 蛋密度:蛋的新陈程度与壳的致密度有关,由蛋密度来决定。

仪器设备:量杯。

测量方法:按照排水法测定得到,在 200 mL 水中加入鸡蛋可排出水的体积为 V,鸡蛋重量为 M,密度 $\rho = M/V$,单位为 g/mL。

3. 蛋形指数:是指蛋的纵径与横径之比(纵径/横径或横径/纵径),是用来描述蛋的形状的一个参数。蛋形不影响食用价值,但是合理的蛋形指数可减少破蛋和裂纹蛋,蛋形指数与种蛋的孵化率有关。标准鸡蛋的形状应为椭圆形,蛋形指数在 1.30～1.35。蛋形指数>1.35 者为细长型,<1.30 者为近似球形。若用鸡蛋的横纵径比值进行统计,理想蛋形指数为 0.765,大部分鸡蛋的指数范围为 0.69～0.85,当数值小于 0.69 可能蛋过于长且细,当数值大于 0.85 可能鸡蛋形状过圆。

仪器设备:游标卡尺、蛋形指数测定仪。

测量方法:传统的测定方法借助游标卡尺进行手动测定,现代实验室常用蛋形指数测定仪进行快速检测,是由鸡蛋固定框和蛋形测定杆两部分组成,可同时测定鸡蛋的横径和纵径。

4. 蛋壳重:对鸡蛋品质分析非常有意义,鸡蛋的组成包括约 60%的蛋清、30%的卵黄和 10%的蛋壳。

仪器设备:电子天平。

测量方法:打破鸡蛋取蛋壳,并剔除壳膜,用电子天平称量即可。

5. **蛋壳强度**:是反映蛋抗破损率的重要指标,通过评估蛋壳的最大耐抗力可进一步评估蛋保持新鲜度和完整性的能力以及种蛋的孵化率。

仪器设备:蛋壳强度检测仪。

测量方法:将鸡蛋固定后利用两端的稳定速度挤压鸡蛋直至破裂,同时记录鸡蛋破裂时单位面积的蛋壳表面压力(单位:N 或 g/cm^2)。

6. **蛋壳颜色**:是影响鸡蛋经济效益的重要指标,受遗传因素影响,可根据母鸡的耳叶颜色进行判断。蛋壳颜色的形成主要由蛋壳色素沉积引起,蛋壳颜色的深浅与鸡的日龄呈负相关,随着蛋鸡日龄的增加,蛋壳颜色逐渐变浅。市面常见蛋壳颜色为白色、褐色、粉色以及绿色。

仪器设备:蛋壳颜色测定仪。

测量方法:选用蛋壳颜色测定仪,计算蛋壳颜色反射计数率。通过白色(75%～85%)和黑色(0%)的百分比计数率为标准,再结合各个蛋壳颜色的实际差异,通过调整、校正后测定蛋壳表面两头和中间3 个位置的蛋壳颜色,取其平均值,测得蛋壳颜色反射计数率数据。

7. **蛋壳厚度**:是最早用于评价蛋壳质量的指标,蛋壳厚度与蛋鸡日龄呈负相关。鸡蛋除两头外的其他位置蛋壳厚度变化无影响,且同一纬度的蛋壳厚度无差异。据统计,蛋壳破损率在 2%～3%时,蛋壳厚度在 0.38～0.40 mm 区间;蛋壳破损率在 10%时,蛋壳厚度在 0.31～0.33 mm 区间。

仪器设备:游标卡尺、螺旋测微仪、蛋壳厚度测定仪。

测量方法:将鸡蛋打碎取蛋壳,使用游标卡尺、螺旋测微仪测量。鸡蛋数量较多时,采用蛋壳厚度测定仪来进行无损测量,原理是采用超声波的回声传播速度变化对蛋壳厚度进行测量,速度快且结果稳定。

(二) 鸡蛋内在指标测定

鸡蛋的蛋白、蛋黄品质作为鸡蛋内在品质会直接影响其食用、种用及商品价值。

1. **蛋白品质**

(1) 蛋白高度和哈氏单位:蛋黄边缘与浓蛋白边缘中点的浓蛋

白高度被称为蛋白高度,表示卵黏蛋白纤维的结实程度,主要用来判断鸡蛋新鲜度和品质。

仪器设备:蛋白高度测定仪、多功能蛋品质检测仪。

测量方法:将打碎的鸡蛋置于蛋白高度测定仪的玻璃板上,使用测定仪在浓蛋白较平坦的地方取 2～3 个点测定平均值(精确至 ± 0.01 mm)。

哈氏单位(Haugh unit)是评定鸡蛋的蛋白品质、反映鸡蛋新鲜度的重要指标。哈氏单位公式:$HU = 100 \times \log(h - 1.7W0.37 + 7.6)$(式中 HU 为哈氏单位,代表鸡蛋的蛋白高度即浓蛋清的质量;h 为蛋白高度/mm;W 为蛋重/g)。HU 值越高,蛋白越浓稠,鸡蛋品质越好,蛋白高度与鸡蛋的储存时间呈对数式减少,因此哈氏单位采用对数标度。实验室可使用多功能蛋品质检测仪,直接检测出蛋重、HU、蛋黄颜色和蛋的等级这几个指标,其中 HU 与鸡蛋的等级关系如下所示(表 9 - 1)。

表 9 - 1　HU 与鸡蛋等级的对应关系

HU 值	鸡蛋等级
HU<31	C
30≤HU<60	B
60≤HU<72	A
72≤HU<130	AA

(2)浓蛋白系数:是反映蛋白品质好坏的重要指标,该值越大表示鸡蛋新鲜度越好。

仪器设备:40 目筛。

测量方法:将所有蛋清过检验筛(40 目),2 min 后稀蛋白通过检验筛滤去,浓蛋白留在检验筛上,浓蛋白与全蛋清质量之比为浓蛋白系数。

(3)蛋白 pH 值:是反映鸡蛋在储藏过程中,蛋白质分解变化的指标,值在 7.6～8.5。新鲜鸡蛋打开时,蛋白呈云雾状,此时蛋白内碳酸含量最高。3 周后,蛋白呈清亮透明状,碳酸含量变低,pH 值上升到 9.7 左右。

仪器设备:pH 计。

测量方法:检测前,先用 pH 缓冲液对 pH 计进行校正,采用的缓冲液分别为 pH＝6.86 和 pH＝4.00。将鸡蛋打开并搅拌 30 s 进行混匀,使用 pH 计,将探头伸入试管中测定鸡蛋全蛋浆 pH。检测时,为提高测定值的准确性,待数值稳定后开始读数,读出 3 个数,然后取平均值。每检测完一个鸡蛋样品后,用蒸馏水仔细冲洗 pH 计探头,并用吸水纸吸干,再进行下一个样品的测定。

2. 蛋黄品质

(1) 蛋黄重和蛋黄系数:蛋黄重约占总蛋重的 1/3,可通过蛋黄分离器将蛋黄分离,电子天平称重得到。蛋黄系数通过游标卡尺测量得到的蛋黄高度 H 和蛋黄直径 R 之间的比值代表蛋黄系数,正常范围在 0.36~0.44,该指标与鸡蛋储存时间成负相关。

测量方法:挑选 3 个大小相当的无裂缝、无损坏的新鲜鸡蛋。小心地将鸡蛋敲破放于平皿内,将蛋黄与蛋清分离并将蛋黄放在一个水平放置的玻璃平板上。用 0.02 mm 的游标卡尺测量蛋黄的高度和直径,并记录数据。将蛋黄高度除以蛋黄直径即得到蛋黄指数,重复 3 次平行实验取平均值。

(2) 蛋黄颜色:与色素沉积有关,可通过对罗氏比色扇(共 15 种颜色)中的色调进行颜色比对,区分出蛋黄的颜色等级,筛选出符合要求的鸡蛋。也可选择罗氏比色扇的替代测定产品 DSM(DSM Yolk Fan TM)比色扇(1~16 种颜色)进行测定。有条件的实验室可利用全自动色差仪测定蛋黄颜色,也可使用多功能蛋品检测仪进行。

第二节　兽药残留的快速检测

一、检测目的

兽药过度使用或不合理添加,易造成药物在体内残留,使蛋鸡产生细菌耐药性等后果。鸡肉组织和鸡蛋中的兽药残留通过食物链对人类健康产生严重影响，如抗生素耐药性和致癌性等，这使得控制兽药残留成为确保消费者健康的重要途径。

二、常见兽药残留种类

表 9 - 2　鸡肉组织和蛋中常见兽药残留种类

兽药种类	名　　称
大环内酯类抗生素	红霉素、吉他霉素、罗红霉素、泰乐霉素、泰万霉素、林可霉素、竹桃霉素、多拉菌素、伊维菌素、替米考星
磺胺类	磺胺嘧啶、磺胺二甲氧嘧啶、磺胺间甲氧嘧啶、磺胺甲基嘧啶、磺胺二甲嘧啶、磺胺甲噁唑
喹诺酮类	恩诺沙星、诺氟沙星、环丙沙星、氧氟沙星、氟罗沙星、洛美沙星、沙拉沙星、达氟沙星、氟甲喹、萘啶酸、培氟沙星、二氟沙星、噁啉酸
酰胺类	阿莫西林、萘夫西林、头孢噻呋、氟苯尼考、氨苄西林、甲砜霉素、氯霉素
氨基糖苷类	链霉素、大观霉素、新霉素
硝基咪唑类	甲硝唑、地美硝唑
硝基呋喃类	呋喃唑酮、呋喃它酮、呋喃西林、呋喃妥因
抗病毒药物	金刚烷胺

三、常见的快速检测技术

兽药残留快速检测技术，又称快检技术，该技术的特点是快速、灵敏，适合大批量样品的初步筛选，对仪器条件要求不高，易于现场完成目标成分分析。快速检测技术的目的是从大量具有未知风险的样品中快速筛选可疑样品。兽药残留检测中常用的快检技术有酶联免疫吸附技术、胶体金免疫层析技术、化学发光免疫技术、生物芯片技术、表面增强拉曼光谱技术、生物传感器技术及微生物抑制分析技术等，下面以酶联免疫吸附技术、胶体金免疫层析技术为例介绍具体操作方法。

（一）酶联免疫吸附技术

酶联免疫吸附法（ELISA）主要是一种将抗原抗体反应的特异性和酶促反应的高催化作用结合起来的方法。通常使用快速检测试剂盒和酶标仪来完成检测。该技术测量范围广，操作简单，试剂盒及酶标仪价格便宜，检测样品数量较大，检测所需时间较短，结果较为准确，可作为定性、半定量结果判定方法。检测成本较仪器检测低，能够充分满足在没有大型实验仪器的情况下小批量样品快速筛选检测。

1. 原理：试剂生产厂家将抗体/抗原包被到固相载体表面，检测过程中通过与待测样品中抗原/抗体发生反应，利用酶标抗体与载体表面的抗原/抗体复合物相结合、酶底物显色，根据光密度（OD）值的分析，得出待测标本中药物残留情况。以鸡蛋为检测样本，呋喃唑酮代谢物检测试剂盒（酶联免疫法）为例。

2. 仪器：酶标仪、均质器、氮气吹干装置、振荡器、离心机、刻度移液管、天平（感量 0.01 g）、微量移液器等。

3. 检测步骤

（1）样品前处理

① 称取 1 ± 0.05 g 均质样于离心管中，加入 4 mL 去离子水、0.5 mL 1M盐酸溶液和 100 μL 衍生化试剂，振荡 5 min。

② 在 37 ℃过夜孵育（约 16 h）或 50 ℃（超过 50 ℃时会影响分层效果）水浴孵育 3 h。

（2）试剂配制：将所需试剂从 4 ℃冷藏环境中取出，置于室温平衡 30 min 以上，洗涤液冷藏时可能会有结晶需恢复到室温以充分溶解，每种液体试剂使用前均须摇匀。实验开始前，用去离子水将 20×浓缩洗涤液按 20 倍稀释成工作洗涤液。

（3）编号：将样本和标准品对应微孔按序编号，每个样本和标准品做 2 孔平行，并记录标准孔和样本孔所在的位置。

（4）加样反应：加标准品或样本 50 μL/孔到各自的微孔中，然后加酶标记物 50 μL/孔，再加入 50 μL/孔的抗体工作液，用盖板膜封板,轻轻振荡 5 s 混匀,25 ℃反应 45 min。

（5）洗涤:小心揭开盖板膜,将孔内液体甩干,用工作洗涤液 250 μL/孔充分洗涤 5 次,每次间隔 30 s,用吸水纸拍干(拍干后未被清除的气泡可用干净的枪头刺破)。

（6）显色:每孔加入底物液 A 50 μL,再加底物液 B 50 μL,轻轻振荡 5 s 混匀,25 ℃避光显色 15 min。

（7）终止:每孔加入终止液 50 μL,轻轻振荡混匀,终止反应。

（8）测吸光值:用酶标仪于 450 nm 处测定每孔吸光度值(建议用双波长 450/630 nm)。测定应在终止反应后 10 min 内完成。

（9）结果分析

① 百分吸光率的计算:标准液或样本的百分吸光率等于标准液或样本的百分吸光度值的平均值(双孔)除以第一个标准液(0ppb)的吸光度值,再乘以 100%,即百分吸光度值(%)＝A/A0×100%。A 指标准溶液或样本溶液的平均吸光度值;A0 指 0ppb 标准溶液的平均吸光度值。

② 标准曲线的绘制与计算:以标准液百分吸光率为纵坐标,对应的标准液浓度(ppb)的对数为横坐标,绘制标准液的半对数曲线图。将样本的百分吸光率代入标准曲线中,从标准曲线上读出样本所对应的浓度,乘以其对应的稀释倍数即为样本中待测物的实际浓度。

（二）胶体金免疫层析技术

胶体金免疫层析技术是指一种以胶体金颗粒为特异性标记物,基于抗原抗体特异性反应的快速检测方法,可以通过人工目测的方式判断试验结果的有效性。

1. 原理:利用化学还原法将氯金酸溶液制备成粒子直径从几纳米扩大至几十倍纳米半透明性胶体溶液,胶体溶液电荷一般带负电,能均匀稳定并迅速吸附蛋白质,且不需要改变蛋白质粒子的生物活性,并制成金标抗体或抗体蛋白,当这些特殊金标蛋白粒子迅速大量聚集载体时,使待检样品中相应的抗体或抗原在载体的特定部位发生特异性反应而显色。以鸡蛋作为检测样本,以 β-内酰胺类 & 四环素类残留检测试纸条使用进行示例。

2. 检测步骤

(1) 样品前处理:将鸡蛋破碎至一次性纸杯或 100 mL 烧杯中,用竹筷或玻璃棒充分搅拌,蛋清与蛋黄需完全搅匀作为待测液备用。

(2) 将试纸条和待测样本恢复至室温。

(3) 根据待测样本数量取出所需的微孔试剂和试纸条,并做好标记。

(4) 用滴管吸取蛋品稀释液(约 100 μL)于微孔中,然后再用同一支滴管吸取待测样本(约 100 μL)于微孔中,缓慢抽吸使其充分与微孔中试剂混匀。

(5) 室温孵育 5 min 后,将标记好的试纸条插入微孔中,使之充分浸入溶液中。

(6) 室温(20~25 ℃)孵育 5 min 后,取出试纸条并根据示意图判定结果,其他时间判定无效。

(7) 结果判读:

① 阴性(一):C 线显色,T1 线和 T2 线均显色;T1 线和 T2 线显色均比 C 线强,表示样本中 β-内酰胺类 & 四环素类药物浓度低于检出限。T1 线和 T2 线显色与 C 线疑似相同,结果为疑似阳性,建议复检。

② 四环素类阳性(+):C 线显色;T1 线显色比 C 线弱或者 T1 线不显色,均表示样本中四环素类药物浓度等于或高于检出限。

③ β-内酰胺类阳性(+):C 线显色;T2 线显色比 C 线弱或者 T2 线不显色,均表示样本中 β-内酰胺类药物浓度等于或高于检出限。

④ 无效:未出现 C 线,表明不正确的操作过程或试纸条已经变质失效。

四、样品送检注意事项

本场不具备检测能力的检测项目,养殖场(户)可委托其他检测机构开展检测,并配合做好样品的采集、包装及送检工作。要提前与委托检测方沟通,根据不同的检测项目,采集满足检测条件的待检样本和数量,并严格按照委托方要求的条件进行待检样品的包装、保存及运输,以确保检测结果能准确反映样本的真实状况。

第十章 实验室管理制度

第一节 实验室人员准入管理制度

一、非必要不得随意进入实验室。

二、凡进入实验室的人员必须穿长袖工作服和鞋套。

三、凡进入实验室的操作人员,必须接受相关安全知识和法规制度的培训。

四、操作人员应根据操作需要正确选择并佩戴相应种类和材质的防护用品。

五、操作人员不得穿拖鞋、短裤进入实验室,不得露脚趾,不得佩戴长围巾、丝巾、领带等配饰。

六、涉及化学和高温实验时,操作人员不得佩戴隐形眼镜。

七、不得将食物和饮料带入实验室内。

八、不得穿着实验服等防护用品进入非实验区(如办公室、会议室等)。

九、非必要不得在实验室内过夜。

第二节 实验活动管理制度

一、实验活动应与实验室生物安全防护等级相适应。

二、实验室内禁止会客、大声喧哗、饮食、随地吐痰等,不得吸烟、使用明火及可燃性蚊香。

三、参观实验室需经实验室负责人允许,任何人未经批准不得私自安排他人参观。

四、实验室所有人员(含外来人员)必须严格遵守实验室的各项规章制度和管理规定。

五、禁止非工作人员使用实验室仪器、设备及其他物品。

六、实验操作必须按照相应的标准或规程进行,如需修改,须经实验室负责人审核批准。

七、工作时要严格做好实验活动记录,原始记录要定期交档案室保存和归档。

八、实验室仪器一律不外借,特殊情况经实验室负责人批准方可外借。

九、实验室与办公室严格分开,不得有活动上的交叉。

第三节　仪器设备使用管理制度

一、实验室应建立仪器设备登记档案,内含设备名称、制造商、型号、购入年份、保管人员、仪器使用说明、维护保养记录等。每物一档,长期保存。

二、仪器设备的使用和管理要实行"三定制度",即定位(固定放置位置)、定人(固定管理人员)、定规(操作规范)。

三、仪器管理员应熟悉实验室仪器设备的种类、数量、主要功能与用途以及运转情况,定期对仪器设备进行检查、调试,并做好仪器的日常维护工作,保持良好的运行状态。

四、使用仪器设备的人员,须熟知仪器设备的操作程序和保养要求,按照规定程序进行操作。

五、贵重仪器设备应设立使用登记簿,每次用毕,使用人员要登记仪器使用情况。

六、各种仪器设备须定期校正,不能超负荷运行,有封印或标记的不可调部分不得擅自调动。

七、仪器设备故障时应立即组织维修,并填写设备维修单。所有维修情况均应有记录。

第四节　药品试剂管理制度

一、实验室使用的药品试剂须为有关部门批准生产的合格产品。

二、药品试剂须登记造册,其内容包括:名称(商品名、化学名)、规格、数(重)量、批号、有效期、购买时间、存放地点、供货单位名称及联系电话等。

三、药品试剂必须妥善保管。化学试剂应保存于干燥、避光、阴凉处并远离火源;生物制剂按其特定要求存放;易燃易爆药品、氧化剂、腐蚀性药品须分别存放,并配备必要的防护用品及灭火器。

四、易燃、易爆、腐蚀性、剧毒药品均属危险物品,必须由专人专柜专账保管,实行双锁制,经实验室负责人批准后方可领用。

五、药品试剂须由专人保管。保管人员要定期核查,对过期、潮解、变质的试剂要及时清理并进行无害化处理。

第五节　实验室卫生制度

一、实验室内各种设备、物品摆放要合理、整齐,与实验无关的物品禁止存放在实验室。

二、保持实验室干净整洁,桌面、仪器无灰尘,地面无尘土、积水、垃圾,墙面、门窗及管道线路无积灰、蛛网等杂物。

三、安排卫生值日表,坚持每天一小扫,每周一大扫的卫生制度,每年彻底清扫1～2次。

四、实验结束后卫生责任人应及时打扫实验室桌面、地面,注意保持室内场地和仪器设备的整洁卫生。

五、实验室内垃圾要清理干净,医疗废弃物单独存放,统一处理;有机溶剂、腐蚀性液体的废液必须盛于废液桶内,贴上标签,统一回收。

六、对于乱摆放的实验试剂、耗材等，实验室负责人有权没收或当做废品处理，实验人员不得有任何异议。

第六节　实验室安全保卫制度

一、实验室应设有门禁，凡持有本实验室门禁卡或钥匙的人员，不得随意转借他人。

二、实验室安全工作须由专人负责，定期对实验室的防火防盗执行情况进行督查。

三、每天上班后检查恒温箱、冰箱的工作情况，并建档记录温度升降情况；下班前检查水、电、门、窗，确保安全；停水停电时要及时切断电源，关闭水龙头。

四、实验结束后，及时将仪器设备关机、断电，保障仪器设备的用电安全。

五、实验室配备的消防器材与设备应保持完好并在有效期内，所有实验室人员都应熟知灭火器的使用方法，发现火灾及时报警。

六、实验室人员发现任何安全隐患，要及时报告主管领导。

第七节　病料采集、保存及运输制度

一、适时采样。样品必须在病初发热时或症状典型时采样，病死动物应立即采样。

二、合理采样。应根据可能的疫病侧重选择样品采集种类，对不能判定病种的，应全面采样。

三、典型采样。选取未经药物治疗、症状最典型或病变最明显的样品，如有并发症，还应兼顾采样。

四、无菌取样。病料需无菌操作采集，采样用具、容器必须经灭菌处理。尸体剖检需采集样品的，先采样后检查，以免人为污染样品。

五、样品保存。样品送到实验室后冷藏保存,应尽快检测。检测结束后,需要留样的样品放在-20℃保存,无需留样的进行无害化处理。

六、样品运输。供检测细菌、寄生虫的样品及血清等需冷藏并在24 h内送达实验室;供病毒检测的样品,若24 h内不能送达,须在-20℃冷冻后再冷链运输。

七、样品包装。装样品的容器应贴上标签,标签要防止因冻结而脱落,标明采集时间、地点、样品名称及编号,并附上发病、死亡情况等相关资料。

第八节 实验室生物安全管理制度

一、实验室负责人负责实验室的生物安全管理,定期派人对相关设施、设备进行检查、维护和更新,以确保其正常运转。

二、在实验室进行实验活动应严格遵守《生物安全法》《实验室生物安全通用要求》及部、省相关管理规定,并指定专人监督检查落实情况。

三、每年定期对实验室人员进行生物安全培训,保证其掌握实验室技术规范、操作规程、生物安全防护知识和实际操作技能,并进行考核。

四、高致病性病原微生物相关实验活动应当有2名以上的工作人员共同进行。

五、在同一个实验室的同一个独立安全区域内,只能同时从事一种高致病性病原微生物的相关实验活动。

六、实验室应当建立实验档案,记录实验室使用情况和安全监督情况。

七、实验室应当遵守环境保护的有关法律、行政法规和国务院有关部门的规定,对废水、废气以及其他废物进行处置,并制定相应的环境保护措施,防止环境污染。

第九节　实验室安全操作规定

一、实验室设立安全管理人员，对实验中不符合规定的操作和不利于安全的行为，应予以坚决制止，并作好记录。

二、安全员应根据本实验室工作特点，建立安全考核制度，落实防火、防爆、防盗措施，明确职责，并落实到人，谁主管谁负责。

三、为确保实验室工作人员的安全与健康，有关高温、高压、高速设备，应严格按照操作规程与安全制度操作，并采取相应保护措施，由安全员负责监督执行。

四、实验室严禁乱拉乱接电源，禁止超负荷用电，安全员应定期检查线路及通风防风设备。

五、实验室消防器材应妥善管理和保养，保持完好状态。

六、由于违章操作、玩忽职守、忽视安全造成的重大事故，实验室工作人员应保护现场，及时向主管领导报告，采取措施，将损失降到最低。隐瞒不报、造成重大损失的，应严肃处理，甚至追究刑事责任。

七、实验室发现不安全因素，应立即采取有效措施，并及时报告主管领导。

第十节　实验室样品管理制度

一、样品统一由样品管理人员进行接收、登记、编号、分类保管，除供检测用外，留样－20 ℃保存备查。

二、保存样品应有详细的记录，并按有关技术要求进行保存。

三、所有样品均分为"待检""在检"和"已检"三种状态，每一阶段都要做好标记。

四、样品应按有关规定的期限进行保存，特殊样品根据受检单位要求可延长保存期。

五、保管的样品不得丢失，样品保管不善，应追究保管人的责任。

六、样品包装要完整，防止破损、沾污、渗漏等情况发生。

七、检验后的样品进行无害化处理。

八、样品登记表，按年份归档。

第十一节　实验记录、检验报告审核制度

一、实验结束后完整填写实验记录表，内容包括样品名称、样品编号、检测项目、送检日期、检验日期、检验人员、检验方法、检验结果、仪器设备、检测环境及检测、审核人员等。

二、实验记录表由实验室统一印制，检测人员应严格按规定格式填写，字迹工整、清晰，不得涂改。如发现记录有误需要更正，可在错误文字上画一横线，在横线上方写下纠正文字，并由本人签名。

三、检测完毕，主检人应汇总实验记录、检测报告及有关标准资料，经复核人员审查签名后，交付报告编制员编制检验报告，由授权签字人终审签发。

四、检测报告一式两份，分正本和副本，由电脑打印，经有关人员三级审核签名后盖章发出。

五、实验记录、检测报告等材料由档案管理人员登记编号，并分类存档。

第十二节　危险化学品管理领取使用制度

一、危险化学品须由专人保管。保管人员要定期核查，核对数量、保存条件，确保安全。

二、危险化学品应存放于双锁试剂柜内，实行双人管理，一人保管一把钥匙。

三、危险化学品的使用应严格执行领用审批程序，使用人要提

交书面申请,由实验室负责人签字批准,保管人员根据审批意见对出库、称量进行监督,领取人和保管人应同时在使用登记本中签字。

四、使用危险化学品时须 2 人以上在场,出现问题及时上报,剩余药品应立即送交保管人员入库,并履行相关手续。

五、在使用危险化学品的过程中应严格遵守相关制度并采取必要的安全保护措施,一旦发生险情,应立即排除。

六、定期进行安全检查,及时清理库存,做到账物相符,定期上报。

七、如因保管不当、工作失职等人为因素,造成环境污染甚至危及他人人身安全的,根据情节轻重,依法追究责任。

第十三节　实验室废弃物及污染物的无害化处理制度

一、实验室在建设时应注意环境保护,实验室下水道与雨水落水管分开,下水设计有专门的污水处理系统。

二、检测过的动物尸体、脏器、血液、废弃的培养物须经高压灭菌后,放在专门的冰柜中暂存,统一由专业机构处理,禁止乱倒乱放。

三、实验时凡盛过或沾污病原微生物的器皿、器械均应先消毒再洗涤。

四、废弃的注射器针头、手术刀片等锐器丢入锐器桶内统一收集,由专业机构处理,禁止随意丢弃。

五、有毒化学试剂使用后禁止乱倒,应放在专门的收集瓶中,由专业机构处理。

六、过期、潮解、变质的试剂要及时清理并进行无害化处理。

七、操作过程中被病料污染或存在污染风险的一次性防护用品,先高压灭菌,再交专业机构处理。

第十四节　实验室档案资料管理制度

一、实验室各种资料应及时收集整理，建档并分类保存。

二、实验室有关人员借阅一般性档案资料，必须办理借阅登记手续，并按时归还。

三、所有原始数据只能就地查阅，不得带出实验室，更不予外借。

四、原始记录随存档检验报告归档，档案上应有该记录的名称、代码、归档日期、保存期限等。

五、超过保存期限的记录、档案，由保管人造册，列出销毁清单，实验室负责人审核，报主管领导批准后销毁。记录、档案的保存期一般为五年。

六、资料室要做好清洁、防潮、防火、防盗等相关安全工作。

第十五节　实验室事故报告管理制度

一、实验室意外事故多种多样，应区分仪器设备损坏、爆炸、火灾、被盗、污染、中毒、职业暴露、人身意外伤害等不同情况，采取不用的防护和补救措施。

二、事故发生后，应采取力所能及的补救措施，同时保护好现场并及时报告实验室负责人，由实验室负责人向主管领导报告。如现场人员无法解决，应立即拨打报警电话（火警119、救护120、匪警110），请求帮助。

三、事故发生后，无论事故大小，当事人应尽快将事故起因、过程及后果以书面形式报告给实验室负责人（紧急情况下可用打电话等方式及时报告，之后再补书面材料），实验室负责人报告分管领导，由领导研究后给出处理意见。

四、对隐瞒不报或故意缩小、扩大事故影响者，予以从严处理。

第十六节　人员培训管理制度

一、实验室负责人制定年度人员培训、考核方案并组织实施。

二、培训内容包括：实验室管理相关法律、法规、检测方法、操作标准；本实验室的体系文件；紧急事件的上报和处置程序；仪器设备的使用、保养、维护；个人防护用品的正确使用；样本的收集、运输、保存、使用、销毁规范；实验室的消毒灭菌；感染性废弃物的处置；急救常识等内容。

三、培训后应对参加培训的人员进行考核，考核可采取多种方式，如笔试、口试、实操等。

四、建立并保留实验室人员的培训记录、考核档案。

五、做好人员培训需求和效果的评估工作，为制定下一年度培训、考核方案提供依据。

六、对新上岗、转岗的人员进行实验室相关操作的培训，使其明确所从事工作的生物安全风险。

七、当有关部门新颁发、修订实验室相关的法律、法规、标准、规范等文件时，要及时组织开展相关内容的培训和考核。

第十七节　实验室应急管理制度

一、依据《实验室安全手册》《实验室生物安全手册》中的要求成立应急领导小组，负责应急预案的启动和实施，负责组织实验室突发安全事故的应急处置工作。

二、实验室负责人制定紧急撤离程序并对实验室人员进行培训，实验室人员必须认真执行各项管理或要求。

三、安全通道必须通畅，安全备用钥匙放置妥当，一旦出现重大险情，及时疏散内部人员。

四、遭遇突发火灾事故时，应立即拨打救援电话（火警 119、救护

120)，并向上级进行报告，全力组织人员疏散、自救并进行力所能及的灭火工作。

五、发生触电现象时，实验人员应立即切断电源，在确保自身安全的状态下立即对触电者进行抢救并送医治疗。

六、在开展动物实验时，若出现动物抓伤、啄伤等情况，实验人员应立即对受伤部位给予消毒处理并及时就医，注射相关疫苗，必要时对疑似病原微生物感染者进行隔离治疗。

七、实验过程中产生器械切割伤时，实验人员应立即对受伤部位进行消毒和止血处理，必要时送医。

八、化学试剂溅入眼睛时，马上用大量干净自来水冲洗，然后立即到医院就诊处理。

附 录

附录1

来样登记表

序号	收样日期	样品来源	样品种类	样品数量	编号	拟检测指标	送样人	接样人	备注

附录 2

检验流转单

样品	样品名称＿＿＿＿＿＿＿＿＿＿　　样品编号＿＿＿＿＿＿＿＿＿＿＿ 家禽品种＿＿＿＿＿＿＿＿＿＿　　样品数量＿＿＿＿＿＿＿＿＿＿＿ 检验项目＿＿＿＿＿＿＿＿＿＿　　样品包装＿＿＿＿＿＿＿＿＿＿＿ 检验依据＿＿＿＿＿＿＿＿＿＿＿＿＿＿＿＿＿＿＿＿＿＿＿＿＿＿＿ 执行标准＿＿＿＿＿＿＿＿＿＿＿＿＿＿＿＿＿＿＿＿＿＿＿＿＿＿＿

检验通知	现有编号为＿＿＿＿＿＿＿＿＿＿＿＿＿＿＿＿的上述检验样品，请按有关标准、检验目的和规定的检验期限（　月　日前)完成检验。 　　　　　　　　　　办公室　　　　年　　月　　日

样品流转		领样人签名	领样日期	领样量	退样量
	退样接收人：				
	备注				

附录 3

病理材料采样单

采样地点					
病鸡品种		联系人			
饲养数量		联系电话			
死亡时间	年　月　日　时	发病时间	年　月　日　时		
病理材料及数量		剖检时间	年　月　日　时		
送样目的					
疫病流行简况					
主要临床症状					
主要剖检病理变化					
曾经进行过何种疫苗接种和治疗					
初步诊断					
被采样人签字		采样人签字			

附录 4

血清采样单

样品名称			样品数量		
样品编号			家禽品种		
日龄			代次		

被采样部门	名称		采样部门	名称	
	负责人			负责人	
	电话			电话	

样品信息	总饲养量		被采样群饲养量		被采样群健康情况		饲养模式	

免疫信息	疫苗名称	疫苗品种	免疫次数	免疫时间(近三次)	剂量	生产厂家	批号	

被采样部门 负责人签字: 　　年　　月　　日	采样人签字: 　　年　　月　　日

136

附录 5

细菌学检验记录表

收检编号：

送检材料		数量		检验日期	
请检项目及要求					
培养特性					

菌落特性：

染色特性及细菌形态：

生化特性：

药敏试验：

动物试验：

其他

结果

检验人：_____　　　　复核人：_____

附录 6

××血清学检验原始记录

检测时间	地点	环境湿度	环境温度

样品信息					
收检编号	样品名称	数量	包装	储存条件	样品来源

诊断试剂名称	生产厂家	批号	有效期

仪器设备、耗材		
名称	型号	仪器编号

检验操作				
简易流程	序号	样品编号	结果	判定
检测方法： 操作流程：	11			
	12			
	13			
	14			
	15			
	16			
	17			
	18			
	19			

序号	样品编号	结果	判定	序号	样品编号	结果	判定
1				20			
2				21			
3				22			
4				23			
5				24			
6				25			
7				26			
8				27			
9				28			
10				29			
				30			

检验人：＿＿＿＿＿＿＿＿　　　　　复核人：＿＿＿＿＿＿＿＿

附录7

××病原检验原始记录

基本检验信息			
检测时间	地点	环境湿度	环境温度

样品信息					
收检编号	样品名称	数量	包装	储存条件	备注

检测试剂			
诊断试剂名称	生产厂家	批号	有效期

主要仪器设备		
名称	型号	仪器编号

检验操作

简要流程			编号	分样号	Ct 值	判定
操作流程（具体操作以使用试剂盒为准）：			11			
			12			
			13			
			14			
			15			
			16			
			17			
			18			
			19			
编号	分样号	Ct 值	判定	20			
1				21			
2				22			
3				23			
4				24			
5				25			
6				26			
7				27			
8				28			
9				29			
10				30			

检验人：＿＿＿＿＿＿＿＿＿　　　　复核人：＿＿＿＿＿＿＿＿＿

附录 8

动 物 疫 病

检验报告书

鸡(检)字(年份)第(0001)

样品名称_____

被检部门_____

抽样部门_____

×××××××××××××××实验室

注 意 事 项

一、对本检验报告有异议,应于收到报告之日起十五日内书面向本实验室提出,逾期不予受理。

二、委托检验,本实验室仅对来样负责。

三、本报告手写、涂改无效,无检验公章无效,无审核、批准人签字无效。

四、本报告非经本实验室同意,不得以任何方式复制,经同意复制的复制件,应由实验室加盖公章确认。

地　　　址:

邮 政 编 码:

电 话 及 传 真:

监 督 电 话:

动 物 疫 病 检 验 报 告

报告书编号:鸡检字(年份)第(000×)　　　　　　　共　　页 第　　页

样品名称		样品编号	
样品状态		样品数量	
被抽/检部门		样品包装	
抽样部门		抽样人	
送样部门		送样人	
环境温度		环境湿度		收样日期	

检验用仪器名称、型号、编号	仪器名称	型号	编号

检验项目	检验方法	检测依据	检测数量	检验结果

结　论	经检测,所检××份样品…… 检测结果详见附表。 　　　　　　检验报告专用章 　　　　　签发日期:　　　年　　月　　日

编制		审核		签发	

×××养殖场样品检(监)测结果明细表

报告书编号:鸡检字(年份)第(000×)　　　　　　共　页　第　页

序号	原始编号	分样号	××抗体		××病原	
			结果	判定	Ct 值	判定
1						
2						
3						
4						
5						
6						
7						
8						
9						
10						
11						
12						
13						
14						
15						
16						
17						
18						
19						
20						
	试剂厂家					
	试剂批号					
	检验人员					
	检验时间					
	复核人员					
	复核时间					

附录 9

中华人民共和国生物安全法

（《中华人民共和国生物安全法》由中华人民共和国第十三届全国人民代表大会常务委员会第二十二次会议于 2020 年 10 月 17 日通过，自 2021 年 4 月 15 日起施行。）

第一章　总则

第一条　为了维护国家安全，防范和应对生物安全风险，保障人民生命健康，保护生物资源和生态环境，促进生物技术健康发展，推动构建人类命运共同体，实现人与自然和谐共生，制定本法。

第二条　本法所称生物安全，是指国家有效防范和应对危险生物因子及相关因素威胁，生物技术能够稳定健康发展，人民生命健康和生态系统相对处于没有危险和不受威胁的状态，生物领域具备维护国家安全和持续发展的能力。

从事下列活动，适用本法：

（一）防控重大新发突发传染病、动植物疫情；

（二）生物技术研究、开发与应用；

（三）病原微生物实验室生物安全管理；

（四）人类遗传资源与生物资源安全管理；

（五）防范外来物种入侵与保护生物多样性；

（六）应对微生物耐药；

（七）防范生物恐怖袭击与防御生物武器威胁；

（八）其他与生物安全相关的活动。

第三条　生物安全是国家安全的重要组成部分。维护生物安全应当贯彻总体国家安全观，统筹发展和安全，坚持以人为本、风险预防、分类管理、协同配合的原则。

第四条　坚持中国共产党对国家生物安全工作的领导，建立健全国家生物安全领导体制,加强国家生物安全风险防控和治理体系建设,提高国家生物安全治理能力。

第五条　国家鼓励生物科技创新,加强生物安全基础设施和生物科技人才队伍建设,支持生物产业发展,以创新驱动提升生物科技水平,增强生物安全保障能力。

第六条　国家加强生物安全领域的国际合作,履行中华人民共和国缔结或者参加的国际条约规定的义务,支持参与生物科技交流合作与生物安全事件国际救援,积极参与生物安全国际规则的研究与制定,推动完善全球生物安全治理。

第七条　各级人民政府及其有关部门应当加强生物安全法律法规和生物安全知识宣传普及工作,引导基层群众性自治组织、社会组织开展生物安全法律法规和生物安全知识宣传,促进全社会生物安全意识的提升。

相关科研院校、医疗机构以及其他企业事业单位应当将生物安全法律法规和生物安全知识纳入教育培训内容,加强学生、从业人员生物安全意识和伦理意识的培养。

新闻媒体应当开展生物安全法律法规和生物安全知识公益宣传,对生物安全违法行为进行舆论监督,增强公众维护生物安全的社会责任意识。

第八条　任何单位和个人不得危害生物安全。

任何单位和个人有权举报危害生物安全的行为;接到举报的部门应当及时依法处理。

第九条　对在生物安全工作中做出突出贡献的单位和个人,县级以上人民政府及其有关部门按照国家规定予以表彰和奖励。

第二章　生物安全风险防控体制

第十条　中央国家安全领导机构负责国家生物安全工作的决策和议事协调,研究制定、指导实施国家生物安全战略和有关重大方针政策,统筹协调国家生物安全的重大事项和重要工作,建立国家生物安全工作协调机制。

省、自治区、直辖市建立生物安全工作协调机制,组织协调、督促推进本行政区域内生物安全相关工作。

第十一条　国家生物安全工作协调机制由国务院卫生健康、农业农村、科学技术、外交等主管部门和有关军事机关组成,分析研判国家生物安全形势,组织协调、督促推进国家生物安全相关工作。国家生物安全工作协调机制设立办公室,负责协调机制的日常工作。

国家生物安全工作协调机制成员单位和国务院其他有关部门根据职责分工,负责生物安全相关工作。

第十二条　国家生物安全工作协调机制设立专家委员会,为国家生物安全战略研究、政策制定及实施提供决策咨询。

国务院有关部门组织建立相关领域、行业的生物安全技术咨询专家委员会,为生物安全工作提供咨询、评估、论证等技术支撑。

第十三条　地方各级人民政府对本行政区域内生物安全工作负责。

县级以上地方人民政府有关部门根据职责分工,负责生物安全相关工作。

基层群众性自治组织应当协助地方人民政府以及有关部门做好生物安全风险防控、应急处置和宣传教育等工作。

有关单位和个人应当配合做好生物安全风险防控和应急处置等工作。

第十四条　国家建立生物安全风险监测预警制度。国家生物安全工作协调机制组织建立国家生物安全风险监测预警体系,提高生物安全风险识别和分析能力。

第十五条　国家建立生物安全风险调查评估制度。国家生物安全工作协调机制应当根据风险监测的数据、资料等信息,定期组织开展生物安全风险调查评估。

有下列情形之一的,有关部门应当及时开展生物安全风险调查评估,依法采取必要的风险防控措施:

（一）通过风险监测或者接到举报发现可能存在生物安全风险；

（二）为确定监督管理的重点领域、重点项目，制定、调整生物安全相关名录或者清单；

（三）发生重大新发突发传染病、动植物疫情等危害生物安全的事件；

（四）需要调查评估的其他情形。

第十六条 国家建立生物安全信息共享制度。国家生物安全工作协调机制组织建立统一的国家生物安全信息平台，有关部门应当将生物安全数据、资料等信息汇交国家生物安全信息平台，实现信息共享。

第十七条 国家建立生物安全信息发布制度。国家生物安全总体情况、重大生物安全风险警示信息、重大生物安全事件及其调查处理信息等重大生物安全信息，由国家生物安全工作协调机制成员单位根据职责分工发布；其他生物安全信息由国务院有关部门和县级以上地方人民政府及其有关部门根据职责权限发布。

任何单位和个人不得编造、散布虚假的生物安全信息。

第十八条 国家建立生物安全名录和清单制度。国务院及其有关部门根据生物安全工作需要，对涉及生物安全的材料、设备、技术、活动、重要生物资源数据、传染病、动植物疫病、外来入侵物种等制定、公布名录或者清单，并动态调整。

第十九条 国家建立生物安全标准制度。国务院标准化主管部门和国务院其他有关部门根据职责分工，制定和完善生物安全领域相关标准。

国家生物安全工作协调机制组织有关部门加强不同领域生物安全标准的协调和衔接，建立和完善生物安全标准体系。

第二十条 国家建立生物安全审查制度。对影响或者可能影响国家安全的生物领域重大事项和活动，由国务院有关部门进行生物安全审查，有效防范和化解生物安全风险。

第二十一条 国家建立统一领导、协同联动、有序高效的生物安全应急制度。

国务院有关部门应当组织制定相关领域、行业生物安全事件应急预案，根据应急预案和统一部署开展应急演练、应急处置、应急救援和事后恢复等工作。

县级以上地方人民政府及其有关部门应当制定并组织、指导和督促相关企业事业单位制定生物安全事件应急预案，加强应急准备、人员培训和应急演练，开展生物安全事件应急处置、应急救援和事后恢复等工作。

中国人民解放军、中国人民武装警察部队按照中央军事委员会的命令，依法参加生物安全事件应急处置和应急救援工作。

第二十二条　国家建立生物安全事件调查溯源制度。发生重大新发突发传染病、动植物疫情和不明原因的生物安全事件，国家生物安全工作协调机制应当组织开展调查溯源，确定事件性质，全面评估事件影响，提出意见建议。

第二十三条　国家建立首次进境或者暂停后恢复进境的动植物、动植物产品、高风险生物因子国家准入制度。

进出境的人员、运输工具、集装箱、货物、物品、包装物和国际航行船舶压舱水排放等应当符合我国生物安全管理要求。

海关对发现的进出境和过境生物安全风险，应当依法处置。经评估为生物安全高风险的人员、运输工具、货物、物品等，应当从指定的国境口岸进境，并采取严格的风险防控措施。

第二十四条　国家建立境外重大生物安全事件应对制度。境外发生重大生物安全事件的，海关依法采取生物安全紧急防控措施，加强证件核验，提高查验比例，暂停相关人员、运输工具、货物、物品等进境。必要时经国务院同意，可以采取暂时关闭有关口岸、封锁有关国境等措施。

第二十五条　县级以上人民政府有关部门应当依法开展生物安全监督检查工作，被检查单位和个人应当配合，如实说明情况，提供资料，不得拒绝、阻挠。

涉及专业技术要求较高、执法业务难度较大的监督检查工作,应当有生物安全专业技术人员参加。

第二十六条　县级以上人民政府有关部门实施生物安全监督检查,可以依法采取下列措施:

(一)进入被检查单位、地点或者涉嫌实施生物安全违法行为的场所进行现场监测、勘查、检查或者核查;

(二)向有关单位和个人了解情况;

(三)查阅、复制有关文件、资料、档案、记录、凭证等;

(四)查封涉嫌实施生物安全违法行为的场所、设施;

(五)扣押涉嫌实施生物安全违法行为的工具、设备以及相关物品;

(六)法律法规规定的其他措施。

有关单位和个人的生物安全违法信息应当依法纳入全国信用信息共享平台。

第三章　防控重大新发突发传染病、动植物疫情

第二十七条　国务院卫生健康、农业农村、林业草原、海关、生态环境主管部门应当建立新发突发传染病、动植物疫情、进出境检疫、生物技术环境安全监测网络,组织监测站点布局、建设,完善监测信息报告系统,开展主动监测和病原检测,并纳入国家生物安全风险监测预警体系。

第二十八条　疾病预防控制机构、动物疫病预防控制机构、植物病虫害预防控制机构(以下统称专业机构)应当对传染病、动植物疫病和列入监测范围的不明原因疾病开展主动监测,收集、分析、报告监测信息,预测新发突发传染病、动植物疫病的发生、流行趋势。

国务院有关部门、县级以上地方人民政府及其有关部门应当根据预测和职责权限及时发布预警,并采取相应的防控措施。

第二十九条　任何单位和个人发现传染病、动植物疫病的,应当及时向医疗机构、有关专业机构或者部门报告。

医疗机构、专业机构及其工作人员发现传染病、动植物疫病或者不明原因的聚集性疾病的,应当及时报告,并采取保护性措施。

依法应当报告的,任何单位和个人不得瞒报、谎报、缓报、漏报,不得授意他人瞒报、谎报、缓报,不得阻碍他人报告。

第三十条 国家建立重大新发突发传染病、动植物疫情联防联控机制。

发生重大新发突发传染病、动植物疫情,应当依照有关法律法规和应急预案的规定及时采取控制措施;国务院卫生健康、农业农村、林业草原主管部门应当立即组织疫情会商研判,将会商研判结论向中央国家安全领导机构和国务院报告,并通报国家生物安全工作协调机制其他成员单位和国务院其他有关部门。

发生重大新发突发传染病、动植物疫情,地方各级人民政府统一履行本行政区域内疫情防控职责,加强组织领导,开展群防群控、医疗救治,动员和鼓励社会力量依法有序参与疫情防控工作。

第三十一条 国家加强国境、口岸传染病和动植物疫情联合防控能力建设,建立传染病、动植物疫情防控国际合作网络,尽早发现、控制重大新发突发传染病、动植物疫情。

第三十二条 国家保护野生动物,加强动物防疫,防止动物源性传染病传播。

第三十三条 国家加强对抗生素药物等抗微生物药物使用和残留的管理,支持应对微生物耐药的基础研究和科技攻关。

县级以上人民政府卫生健康主管部门应当加强对医疗机构合理用药的指导和监督,采取措施防止抗微生物药物的不合理使用。县级以上人民政府农业农村、林业草原主管部门应当加强对农业生产中合理用药的指导和监督,采取措施防止抗微生物药物的不合理使用,降低在农业生产环境中的残留。

国务院卫生健康、农业农村、林业草原、生态环境等主管部门和药品监督管理部门应当根据职责分工,评估抗微生物药物残留对人体健康、环境的危害,建立抗微生物药物污染物指标评价体系。

第四章　　生物技术研究、开发与应用安全

第三十四条　国家加强对生物技术研究、开发与应用活动的安全管理,禁止从事危及公众健康、损害生物资源、破坏生态系统和生物多样性等危害生物安全的生物技术研究、开发与应用活动。

从事生物技术研究、开发与应用活动,应当符合伦理原则。

第三十五条　从事生物技术研究、开发与应用活动的单位应当对本单位生物技术研究、开发与应用的安全负责,采取生物安全风险防控措施,制定生物安全培训、跟踪检查、定期报告等工作制度,强化过程管理。

第三十六条　国家对生物技术研究、开发活动实行分类管理。根据对公众健康、工业农业、生态环境等造成危害的风险程度,将生物技术研究、开发活动分为高风险、中风险、低风险三类。

生物技术研究、开发活动风险分类标准及名录由国务院科学技术、卫生健康、农业农村等主管部门根据职责分工,会同国务院其他有关部门制定、调整并公布。

第三十七条　从事生物技术研究、开发活动,应当遵守国家生物技术研究开发安全管理规范。

从事生物技术研究、开发活动,应当进行风险类别判断,密切关注风险变化,及时采取应对措施。

第三十八条　从事高风险、中风险生物技术研究、开发活动,应当由在我国境内依法成立的法人组织进行,并依法取得批准或者进行备案。

从事高风险、中风险生物技术研究、开发活动,应当进行风险评估,制定风险防控计划和生物安全事件应急预案,降低研究、开发活动实施的风险。

第三十九条　国家对涉及生物安全的重要设备和特殊生物因子实行追溯管理。购买或者引进列入管控清单的重要设备和特殊生物因子,应当进行登记,确保可追溯,并报国务院有关部门备案。

个人不得购买或者持有列入管控清单的重要设备和特殊生物因子。

第四十条 从事生物医学新技术临床研究,应当通过伦理审查,并在具备相应条件的医疗机构内进行;进行人体临床研究操作的,应当由符合相应条件的卫生专业技术人员执行。

第四十一条 国务院有关部门依法对生物技术应用活动进行跟踪评估,发现存在生物安全风险的,应当及时采取有效补救和管控措施。

第五章 病原微生物实验室生物安全

第四十二条 国家加强对病原微生物实验室生物安全的管理,制定统一的实验室生物安全标准。病原微生物实验室应当符合生物安全国家标准和要求。

从事病原微生物实验活动,应当严格遵守有关国家标准和实验室技术规范、操作规程,采取安全防范措施。

第四十三条 国家根据病原微生物的传染性、感染后对人和动物的个体或者群体的危害程度,对病原微生物实行分类管理。

从事高致病性或者疑似高致病性病原微生物样本采集、保藏、运输活动,应当具备相应条件,符合生物安全管理规范。具体办法由国务院卫生健康、农业农村主管部门制定。

第四十四条 设立病原微生物实验室,应当依法取得批准或者进行备案。

个人不得设立病原微生物实验室或者从事病原微生物实验活动。

第四十五条 国家根据对病原微生物的生物安全防护水平,对病原微生物实验室实行分等级管理。

从事病原微生物实验活动应当在相应等级的实验室进行。低等级病原微生物实验室不得从事国家病原微生物目录规定应当在高等级病原微生物实验室进行的病原微生物实验活动。

第四十六条　高等级病原微生物实验室从事高致病性或者疑似高致病性病原微生物实验活动,应当经省级以上人民政府卫生健康或者农业农村主管部门批准,并将实验活动情况向批准部门报告。

对我国尚未发现或者已经宣布消灭的病原微生物,未经批准不得从事相关实验活动。

第四十七条　病原微生物实验室应当采取措施,加强对实验动物的管理,防止实验动物逃逸,对使用后的实验动物按照国家规定进行无害化处理,实现实验动物可追溯。禁止将使用后的实验动物流入市场。

病原微生物实验室应当加强对实验活动废弃物的管理,依法对废水、废气以及其他废弃物进行处置,采取措施防止污染。

第四十八条　病原微生物实验室的设立单位负责实验室的生物安全管理,制定科学、严格的管理制度,定期对有关生物安全规定的落实情况进行检查,对实验室设施、设备、材料等进行检查、维护和更新,确保其符合国家标准。

病原微生物实验室设立单位的法定代表人和实验室负责人对实验室的生物安全负责。

第四十九条　病原微生物实验室的设立单位应当建立和完善安全保卫制度,采取安全保卫措施,保障实验室及其病原微生物的安全。

国家加强对高等级病原微生物实验室的安全保卫。高等级病原微生物实验室应当接受公安机关等部门有关实验室安全保卫工作的监督指导,严防高致病性病原微生物泄漏、丢失和被盗、被抢。

国家建立高等级病原微生物实验室人员进入审核制度。进入高等级病原微生物实验室的人员应当经实验室负责人批准。对可能影响实验室生物安全的,不予批准;对批准进入的,应当采取安全保障措施。

第五十条　病原微生物实验室的设立单位应当制定生物安全事件应急预案,定期组织开展人员培训和应急演练。发生高致病性病原微生物泄漏、丢失和被盗、被抢或者其他生物安全风险的,应当按照应急预案的规定及时采取控制措施,并按照国家规定报告。

第五十一条　病原微生物实验室所在地省级人民政府及其卫生健康主管部门应当加强实验室所在地感染性疾病医疗资源配置,提高感染性疾病医疗救治能力。

第五十二条　企业对涉及病原微生物操作的生产车间的生物安全管理,依照有关病原微生物实验室的规定和其他生物安全管理规范进行。

涉及生物毒素、植物有害生物及其他生物因子操作的生物安全实验室的建设和管理,参照有关病原微生物实验室的规定执行。

第六章　人类遗传资源与生物资源安全

第五十三条　国家加强对我国人类遗传资源和生物资源采集、保藏、利用、对外提供等活动的管理和监督,保障人类遗传资源和生物资源安全。

国家对我国人类遗传资源和生物资源享有主权。

第五十四条　国家开展人类遗传资源和生物资源调查。

国务院科学技术主管部门组织开展我国人类遗传资源调查,制定重要遗传家系和特定地区人类遗传资源申报登记办法。

国务院科学技术、自然资源、生态环境、卫生健康、农业农村、林业草原、中医药主管部门根据职责分工,组织开展生物资源调查,制定重要生物资源申报登记办法。

第五十五条　采集、保藏、利用、对外提供我国人类遗传资源,应当符合伦理原则,不得危害公众健康、国家安全和社会公共利益。

第五十六条　从事下列活动,应当经国务院科学技术主管部门批准:

(一)采集我国重要遗传家系、特定地区人类遗传资源或者采集国务院科学技术主管部门规定的种类、数量的人类遗传资源;

(二)保藏我国人类遗传资源;

（三）利用我国人类遗传资源开展国际科学研究合作；

（四）将我国人类遗传资源材料运送、邮寄、携带出境。

前款规定不包括以临床诊疗、采供血服务、查处违法犯罪、兴奋剂检测和殡葬等为目的采集、保藏人类遗传资源及开展的相关活动。

为了取得相关药品和医疗器械在我国上市许可，在临床试验机构利用我国人类遗传资源开展国际合作临床试验、不涉及人类遗传资源出境的，不需要批准；但是，在开展临床试验前应当将拟使用的人类遗传资源种类、数量及用途向国务院科学技术主管部门备案。

境外组织、个人及其设立或者实际控制的机构不得在我国境内采集、保藏我国人类遗传资源，不得向境外提供我国人类遗传资源。

第五十七条　将我国人类遗传资源信息向境外组织、个人及其设立或者实际控制的机构提供或者开放使用的，应当向国务院科学技术主管部门事先报告并提交信息备份。

第五十八条　采集、保藏、利用、运输出境我国珍贵、濒危、特有物种及其可用于再生或者繁殖传代的个体、器官、组织、细胞、基因等遗传资源，应当遵守有关法律法规。

境外组织、个人及其设立或者实际控制的机构获取和利用我国生物资源，应当依法取得批准。

第五十九条　利用我国生物资源开展国际科学研究合作，应当依法取得批准。

利用我国人类遗传资源和生物资源开展国际科学研究合作，应当保证中方单位及其研究人员全过程、实质性地参与研究，依法分享相关权益。

第六十条　国家加强对外来物种入侵的防范和应对，保护生物多样性。国务院农业农村主管部门会同国务院其他有关部门制定外来入侵物种名录和管理办法。

国务院有关部门根据职责分工，加强对外来入侵物种的调查、监测、预警、控制、评估、清除以及生态修复等工作。

任何单位和个人未经批准，不得擅自引进、释放或者丢弃外来物种。

第七章　防范生物恐怖与生物武器威胁

第六十一条　国家采取一切必要措施防范生物恐怖与生物武器威胁。

禁止开发、制造或者以其他方式获取、储存、持有和使用生物武器。

禁止以任何方式唆使、资助、协助他人开发、制造或者以其他方式获取生物武器。

第六十二条　国务院有关部门制定、修改、公布可被用于生物恐怖活动、制造生物武器的生物体、生物毒素、设备或者技术清单，加强监管，防止其被用于制造生物武器或者恐怖目的。

第六十三条　国务院有关部门和有关军事机关根据职责分工，加强对可被用于生物恐怖活动、制造生物武器的生物体、生物毒素、设备或者技术进出境、进出口、获取、制造、转移和投放等活动的监测、调查，采取必要的防范和处置措施。

第六十四条　国务院有关部门、省级人民政府及其有关部门负责组织遭受生物恐怖袭击、生物武器攻击后的人员救治与安置、环境消毒、生态修复、安全监测和社会秩序恢复等工作。

国务院有关部门、省级人民政府及其有关部门应当有效引导社会舆论科学、准确报道生物恐怖袭击和生物武器攻击事件，及时发布疏散、转移和紧急避难等信息，对应急处置与恢复过程中遭受污染的区域和人员进行长期环境监测和健康监测。

第六十五条　国家组织开展对我国境内战争遗留生物武器及其危害结果、潜在影响的调查。

国家组织建设存放和处理战争遗留生物武器设施，保障对战争遗留生物武器的安全处置。

第八章　生物安全能力建设

第六十六条　国家制定生物安全事业发展规划，加强生物安全能力建设,提高应对生物安全事件的能力和水平。

县级以上人民政府应当支持生物安全事业发展,按照事权划分,将支持下列生物安全事业发展的相关支出列入政府预算:

(一)监测网络的构建和运行;

(二)应急处置和防控物资的储备;

(三)关键基础设施的建设和运行;

(四)关键技术和产品的研究、开发;

(五)人类遗传资源和生物资源的调查、保藏;

(六)法律法规规定的其他重要生物安全事业。

第六十七条　国家采取措施支持生物安全科技研究,加强生物安全风险防御与管控技术研究,整合优势力量和资源,建立多学科、多部门协同创新的联合攻关机制,推动生物安全核心关键技术和重大防御产品的成果产出与转化应用,提高生物安全的科技保障能力。

第六十八条　国家统筹布局全国生物安全基础设施建设。国务院有关部门根据职责分工,加快建设生物信息、人类遗传资源保藏、菌(毒)种保藏、动植物遗传资源保藏、高等级病原微生物实验室等方面的生物安全国家战略资源平台,建立共享利用机制,为生物安全科技创新提供战略保障和支撑。

第六十九条　国务院有关部门根据职责分工,加强生物基础科学研究人才和生物领域专业技术人才培养,推动生物基础科学学科建设和科学研究。

国家生物安全基础设施重要岗位的从业人员应当具备符合要求的资格,相关信息应当向国务院有关部门备案,并接受岗位培训。

第七十条　国家加强重大新发突发传染病、动植物疫情等生物安全风险防控的物资储备。

国家加强生物安全应急药品、装备等物资的研究、开发和技术储备。国务院有关部门根据职责分工,落实生物安全应急药品、装备等物资研究、开发和技术储备的相关措施。

国务院有关部门和县级以上地方人民政府及其有关部门应当保

障生物安全事件应急处置所需的医疗救护设备、救治药品、医疗器械等物资的生产、供应和调配；交通运输主管部门应当及时组织协调运输经营单位优先运送。

第七十一条　国家对从事高致病性病原微生物实验活动、生物安全事件现场处置等高风险生物安全工作的人员，提供有效的防护措施和医疗保障。

第九章　法律责任

第七十二条　违反本法规定，履行生物安全管理职责的工作人员在生物安全工作中滥用职权、玩忽职守、徇私舞弊或者有其他违法行为的，依法给予处分。

第七十三条　违反本法规定，医疗机构、专业机构或者其工作人员瞒报、谎报、缓报、漏报，授意他人瞒报、谎报、缓报，或者阻碍他人报告传染病、动植物疫病或者不明原因的聚集性疾病的，由县级以上人民政府有关部门责令改正，给予警告；对法定代表人、主要负责人、直接负责的主管人员和其他直接责任人员，依法给予处分，并可以依法暂停一定期限的执业活动直至吊销相关执业证书。

违反本法规定，编造、散布虚假的生物安全信息，构成违反治安管理行为的，由公安机关依法给予治安管理处罚。

第七十四条　违反本法规定，从事国家禁止的生物技术研究、开发与应用活动的，由县级以上人民政府卫生健康、科学技术、农业农村主管部门根据职责分工，责令停止违法行为，没收违法所得、技术资料和用于违法行为的工具、设备、原材料等物品，处一百万元以上一千万元以下的罚款，违法所得在一百万元以上的，处违法所得十倍以上二十倍以下的罚款，并可以依法禁止一定期限内从事相应的生物技术研究、开发与应用活动，吊销相关许可证件；对法定代表人、主要负责人、直接负责的主管人员和其他直接责任人员，依法给予处分，处十万元以上二十万元以下的罚款，十年直至终身禁止从事相应的生物技术研究、开发与应用活动，依法吊销相关执业证书。

第七十五条　违反本法规定,从事生物技术研究、开发活动未遵守国家生物技术研究开发安全管理规范的,由县级以上人民政府有关部门根据职责分工,责令改正,给予警告,可以并处二万元以上二十万元以下的罚款;拒不改正或者造成严重后果的,责令停止研究、开发活动,并处二十万元以上二百万元以下的罚款。

第七十六条　违反本法规定,从事病原微生物实验活动未在相应等级的实验室进行,或者高等级病原微生物实验室未经批准从事高致病性、疑似高致病性病原微生物实验活动的,由县级以上地方人民政府卫生健康、农业农村主管部门根据职责分工,责令停止违法行为,监督其将用于实验活动的病原微生物销毁或者送交保藏机构,给予警告;造成传染病传播、流行或者其他严重后果的,对法定代表人、主要负责人、直接负责的主管人员和其他直接责任人员依法给予撤职、开除处分。

第七十七条　违反本法规定,将使用后的实验动物流入市场的,由县级以上人民政府科学技术主管部门责令改正,没收违法所得,并处二十万元以上一百万元以下的罚款,违法所得在二十万元以上的,并处违法所得五倍以上十倍以下的罚款;情节严重的,由发证部门吊销相关许可证件。

第七十八条　违反本法规定,有下列行为之一的,由县级以上人民政府有关部门根据职责分工,责令改正,没收违法所得,给予警告,可以并处十万元以上一百万元以下的罚款:

(一)购买或者引进列入管控清单的重要设备、特殊生物因子未进行登记,或者未报国务院有关部门备案;

(二)个人购买或者持有列入管控清单的重要设备或者特殊生物因子;

(三)个人设立病原微生物实验室或者从事病原微生物实验活动;

(四)未经实验室负责人批准进入高等级病原微生物实验室。

第七十九条　违反本法规定,未经批准,采集、保藏我国人类遗传资源或者利用我国人类遗传资源开展国际科学研究合作的,由国务院科学技术主管部门责令停止违法行为,没收违法所得和违法采集、保藏的人类遗传资源,并处五十万元以上五百万元以下的罚款,违法所得在一百万元以上的,并处违法所得五倍以上十倍以下的罚款;情节严重的,对法定代表人、主要负责人、直接负责的主管人员和其他直接责任人员,依法给予处分,五年内禁止从事相应活动。

第八十条　违反本法规定,境外组织、个人及其设立或者实际控制的机构在我国境内采集、保藏我国人类遗传资源,或者向境外提供我国人类遗传资源的,由国务院科学技术主管部门责令停止违法行为,没收违法所得和违法采集、保藏的人类遗传资源,并处一百万元以上一千万元以下的罚款;违法所得在一百万元以上的,并处违法所得十倍以上二十倍以下的罚款。

第八十一条　违反本法规定,未经批准,擅自引进外来物种的,由县级以上人民政府有关部门根据职责分工,没收引进的外来物种,并处五万元以上二十五万元以下的罚款。

违反本法规定,未经批准,擅自释放或者丢弃外来物种的,由县级以上人民政府有关部门根据职责分工,责令限期捕回、找回释放或者丢弃的外来物种,处一万元以上五万元以下的罚款。

第八十二条　违反本法规定,构成犯罪的,依法追究刑事责任;造成人身、财产或者其他损害的,依法承担民事责任。

第八十三条　违反本法规定的生物安全违法行为,本法未规定法律责任,其他有关法律、行政法规有规定的,依照其规定。

第八十四条　境外组织或者个人通过运输、邮寄、携带危险生物因子入境或者以其他方式危害我国生物安全的,依法追究法律责任,并可以采取其他必要措施。

第十章　附则

第八十五条　本法下列术语的含义:

(一)生物因子,是指动物、植物、微生物、生物毒素及其他生物活性物质。

（二）重大新发突发传染病，是指我国境内首次出现或者已经宣布消灭再次发生，或者突然发生，造成或者可能造成公众健康和生命安全严重损害，引起社会恐慌，影响社会稳定的传染病。

（三）重大新发突发动物疫情，是指我国境内首次发生或者已经宣布消灭的动物疫病再次发生，或者发病率、死亡率较高的潜伏动物疫病突然发生并迅速传播，给养殖业生产安全造成严重威胁、危害，以及可能对公众健康和生命安全造成危害的情形。

（四）重大新发突发植物疫情，是指我国境内首次发生或者已经宣布消灭的严重危害植物的真菌、细菌、病毒、昆虫、线虫、杂草、害鼠、软体动物等再次引发病虫害，或者本地有害生物突然大范围发生并迅速传播，对农作物、林木等植物造成严重危害的情形。

（五）生物技术研究、开发与应用，是指通过科学和工程原理认识、改造、合成、利用生物而从事的科学研究、技术开发与应用等活动。

（六）病原微生物，是指可以侵犯人、动物引起感染甚至传染病的微生物，包括病毒、细菌、真菌、立克次体、寄生虫等。

（七）植物有害生物，是指能够对农作物、林木等植物造成危害的真菌、细菌、病毒、昆虫、线虫、杂草、害鼠、软体动物等生物。

（八）人类遗传资源，包括人类遗传资源材料和人类遗传资源信息。人类遗传资源材料是指含有人体基因组、基因等遗传物质的器官、组织、细胞等遗传材料。人类遗传资源信息是指利用人类遗传资源材料产生的数据等信息资料。

（九）微生物耐药，是指微生物对抗微生物药物产生抗性，导致抗微生物药物不能有效控制微生物的感染。

（十）生物武器，是指类型和数量不属于预防、保护或者其他和平用途所正当需要的、任何来源或者任何方法产生的微生物剂、其他生物剂以及生物毒素；也包括为将上述生物剂、生物毒素使用于敌对目的或者武装冲突而设计的武器、设备或者运载工具。

（十一）生物恐怖，是指故意使用致病性微生物、生物毒素等实施袭击，损害人类或者动植物健康，引起社会恐慌，企图达到特定政治目的的行为。

第八十六条　生物安全信息属于国家秘密的，应当依照《中华人民共和国保守国家秘密法》和国家其他有关保密规定实施保密管理。

第八十七条　中国人民解放军、中国人民武装警察部队的生物安全活动，由中央军事委员会依照本法规定的原则另行规定。

第八十八条　本法自 2021 年 4 月 15 日起施行。